后现代关系督导案例解析

创造性疗愈行动与生活实践

吴熙琄 / 著

中国轻工业出版社

图书在版编目（CIP）数据

后现代关系督导案例解析：创造性疗愈行动与生活实践/吴熙琄著.—北京：中国轻工业出版社，2024.1

ISBN 978-7-5184-4611-7

Ⅰ.①后… Ⅱ.①吴… Ⅲ.①心理咨询 Ⅳ.①B849.1

中国国家版本馆CIP数据核字（2023）第215316号

保留所有权利。非经中国轻工业出版社"万千心理"书面授权，任何人不得以任何方式（包括但不限于电子、机械、手工或其他尚未被发明或应用的技术手段）复印、拍照、扫描、录音、朗读、存储、发表本书中任何部分或本书全部内容，以及其他附带的所有资料（包括但不限于光盘、音频、视频等）。中国轻工业出版社"万千心理"未授权任何机构提供源自本书内容的电子文件阅览、收听或下载服务。如有此类非法行为，查实必究。

责任编辑：林思语　　责任终审：张乃柬
策划编辑：王雅琦　　责任校对：刘志颖　　责任监印：吴维斌

出版发行：中国轻工业出版社（北京鲁谷东街5号，邮编：100040）
印　　刷：三河市鑫金马印装有限公司
经　　销：各地新华书店
版　　次：2024年1月第1版第1次印刷
开　　本：710×1000　1/16　印张：18.75
字　　数：160千字
书　　号：ISBN 978-7-5184-4611-7　定价：78.00元

读者热线：010-65181109
发行电话：010-85119832　010-85119912
网　　址：http://www.chlip.com.cn　http://www.wqedu.com
电子信箱：1012305542@qq.com

如发现图书残缺请拨打读者热线联系调换

231083Y2X101ZBW

前言

这本书记录了我与思源心理网在2020年新型冠状病毒肺炎疫情中共同设计的网络督导课程,该课程的全名是"吴熙琄案例解析:创造性疗愈行动与生活实践"。

在这十四次的课程中,第一课介绍了后现代视角下的多元关系脉络,我试着谈论了如何看待家庭的多元文化变量和视角。这些多元文化变量,包括年纪、性别、阶层、教育、城乡差距、语言、移民、世代、种族和性取向等。这些多元文化变量可能会给每个家庭带来不同程度的影响,而我希望通过对该主题的讲解,提高大家对家庭关系变化的理解与觉察。

第二课到第十四课由咨询师报告了十三个不同主题的案例,所讨论的主题包括三大类型:

1. 婚姻伴侣关系;
2. 亲子关系;
3. 其他人际关系。

在这十三个案例中,有九个案例的来访者及其咨询师同意在保护他们可辨识信息的情况下，将案例出版。特别感谢这九位来访者及其咨询师（咨询师分别是赵红霞、罗爱宇、高帆帆、蔡丹萍、杨红霞、崔明敏、王倩、李莹、鹤梦）的资源共享。另外也要感谢近几年加入我在思源举办的"后现代家庭与婚姻治疗督导研修课"的五十几位研修生，他们参与了此课程并担任助教，协助三百多位学员在网上学习与讨论。

在开督导网络课之初，我原本并没有将课程内容整理出版的计划，但当我逐一做不同案例的教学示范督导时，发现这些案例的挑战极大，咨询师的期待极高，这似乎督促着我在这些不容易的关系中更多地思考和创造，因而说出了许多过往未曾有机会分享的思路与实践经验。

相对于一般咨询督导的点评与指导方式，我过往的督导风格着重于以聆听咨询师的感想、贴近咨询师的思路以及陪伴咨询师面对挑战为主。但这回在和主办方讨论此次网络督导课程的设计后，我改用这种有别于原来的督导的形式，即在咨询师报告完案例之后，我仔细地琢磨、讲述来访者与其重要关系在不同挑战中的思路与可能性。之前从未这么进行督导的我感到这种方式特别能够让我发挥创造性。

随着课程的推进，特别是通过我多年来在后现代思维中酝酿出的在地性[①]创造，从另一个维度来看个案，我开始想把课程内容整理出来，与更多咨询工作者分享。我希望更多人有机会了解在这些不同关系的挑战中，还有哪些可能性与希望。

许多人只知道我推动叙事教学的工作，其实我最在意的是带领大家在关系中开展有疗愈能力的创意对话，而不要受限于学派的理念与技巧。在完成了咨询硕士的学业与实习之后，我在博士阶段的受训领域是家庭与婚姻治疗，

[①] 在地性是英文单词 local 较为学术性的译法。不同群体会逐渐发展出属于其特定的思维方式、价值观、信念、承诺、生活习俗和传承等统称为文化的部分，贴近人们独特的文化脉络与成长背景的思维，简称为"在地性"。这种用法最早源于人类学研究，用于对不同当地文化的田野调查。后现代心理学运用此概念来表达对个案成长背景中在地文化的尊重，即不再独尊专家的统整性思维习惯。

我年轻时在美国所做的大量咨询工作也主要以家庭为核心。回到中国，我深切体会到不论建立和谐且有互助力量的家庭关系有多艰难，人们对于家庭关系的重视与渴望都与日俱增。通过多年来不同后现代（包括叙事）思潮与实践的"浸泡"，我特别希望和大家分享我在家庭和系统关系中的思路、探索和创造。希望大家有机会看到多元思路的我，更希望这些思路可以支持大家陪伴家庭，共同创造出更多的希望、温度与可能性。

感谢思源心理网全体工作人员自 2020 年 6 月初课程结束后，就开始协助我整理此书，他们付出了极大的心力。特别感谢于晓阳、尹志勋等人对本书的用心参与和努力付出。我也要感谢中国轻工业出版社"万千心理"对这本书的重视与支持，能够让更多有兴趣但没机会参与 2020 年网络督导的助人工作者通过文字产生亲临现场的感觉。

特别感谢

为了让本书能够顺利出版，多位专业的心理咨询师参与其中，做了协调和整理的工作，在此我想对他们表示感谢。

首先，我特别感谢思源心理网多年来对我的授课邀请与对工作坊的规划。负责组织规划的于晓阳，从知道我想把我2020年开展的督导网络课程的内容编辑成书的意愿之后，便开始与出版社对接，承担了组织和协调的工作，沟通书稿整理的细节，解决各方困难。晓阳拥有卓越的组织与系统协调的能力，她对本书的顺利出版做出了不可或缺的贡献。

在稿件整理方面，我特别感谢尹志勋。志勋运用她在心理学与写作方面的专业能力，不但负责了本书各章节的整理，更兼任了对其他参与整理稿件人员的指导工作，将网络课程的音频转录稿快速转化为了可流畅阅读的书稿。志勋的热情投入和全力以赴的支持，对本书最终的呈现实属功不可没。

最后，我想对所有参与整理本书稿的学员表达最深的谢意，他们是邓曦瑶、韩燕红、何晶晶、李兆汝、李正南、刘霞、陶仙萍、王兆杰、吴秀蕊、闫晓华、杨松诺、张巧嫩。参与编辑工作的他们，有来自"后现代家庭治疗研修实践班"的研修生，有来自"创造性疗愈行动与生活实践"督导课程的学员。大家分别参与了资料和稿件的整理工作，主动协助此书顺利完成。大家对这本书的支持与付出的心意及祝福，特别珍贵，我铭记于心，再一次感谢所有参与稿件整理的全体人员。

参与稿件整理工作的全体人员如下（按姓氏拼音排序）。

邓曦瑶
国家二级心理咨询师
人社部沙盘游戏高级咨询师
世界医学最高认证中心国际催眠临床治疗师

韩燕红
国家二级心理咨询师
中国内蒙古广播电视新闻工作者
国家新闻主任编辑

何晶晶
国家二级心理咨询师
高级私人心理顾问
中国心理卫生协会会员

李兆汝
国家二级心理咨询师
完形治疗师
性少数人群友善咨询师

李正南
国家二级心理咨询师

国家生涯规划师

华夏思源心理网培训讲师

刘霞

发展与教育心理学硕士

国家二级心理咨询师

家庭教育指导师

陶仙萍

国家二级心理咨询师

专注于心理学二十一年

专职从事心理咨询工作十三年

王兆杰

国家二级心理咨询师

中国科学院心理研究所心理咨询研究生

中国心理卫生协会会员

吴秀蕊

国家二级心理咨询师

中国科学院心理咨询与治疗专业研修生

认知行为取向咨询师

闫晓华

国家二级心理咨询师

中级社工师

东营心理学会常务理事

杨松诺
"心安陪伴空间"创始人
后现代叙事故事疗愈师
国家认证职业生涯规划师

尹志勋
国家二级心理咨询师
绘画心理分析师
心理讲师

于晓阳
国家二级心理咨询师
高级私人心理顾问
家庭教育指导师

张巧嫩
国家二级心理咨询师
高级私人心理顾问
中国心理卫生协会会员

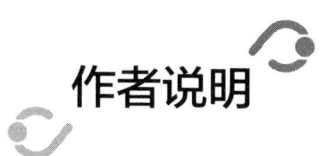

作者说明

在这一系列的网络督导课程中,我与工作坊的主办方共同探索设计了一种和我往常的督导不尽相同的督导方式——"教学示范督导"。

我往常的督导主要会将时间用在和咨询师的对话上,对咨询师想谈的"卡顿"表示好奇,陪伴咨询师对咨询对话背后的意图进行分析与反思,从而带来更多的"看见",从共同看见的咨询师的付出当中探索改进与增强之道。

"教学示范督导"的模式是,我以先行者的角色,在陪伴了大量个案且做了多次公开的一对一督导之后,通过多年的理论背景和实践经验,将我是如何看待受督导者所提出的案例的过程透明化,也就是和学员仔细分享这些案例的各个方面,发掘其背后所蕴藏的各个值得去陪伴和努力的地方。督导的总体哲学观建立在后现代思路的基础上。

"教学示范督导"的用意是让所有参与网络督导的学员学到更多的东西,而不仅局限于支持呈报案例的咨询师。

以上说明是为了让读者理解这本书背后的设计意图。

目 录

导论　后现代视角下的多元文化　/ 1

第一部分　婚姻伴侣关系案例督导

　　引言　/ 21

　　案例一　关系痛苦中的看见与行动　/ 25

　　案例二　需要母亲"祝福"的亲密关系　/ 51

　　案例三　开创美好婚姻关系的"心意"　/ 83

　　案例四　探索关系"危机"中的新"希望"　/ 103

　　案例五　"强势"关系中的力量　/ 127

第二部分　亲子关系案例督导

　　引言　/ 155

　　案例六　修复受损的亲子关系　/ 159

　　案例七　期待成为"教练式"好妈妈　/ 191

第三部分 其他人际关系案例督导

引言 / 225

案例八 寻找力量"重返"工作岗位 / 227

案例九 用后现代理念创造有韧性的团队 / 257

后记 / 283

导论　后现代视角下的多元文化

如何贴近家庭的文化脉络和家庭及系统关系工作是一个重要的咨询思路，想要建构这一思路，得从对多元文化的认识着手。因此，我想和大家谈谈我对多元文化的理解以及多元文化的力量。

我过去在美国教学，教了很多年多元文化。美国是一个由大量移民组成并背负历史伤痕的国家，在美国家庭治疗研究所的课程中，多元文化是一个非常重要、必须学习的课题。

在这个因科技发展而加速变化的世界里，身为现代咨询师的我们，不仅要关注多元文化，更要时时主动学习并更新我们的认知。

在早期家庭咨询中，我们在看待多元文化课题时，通常着重于理解每种文化的特性与不同文化的差异带来的冲突。但是现在许多研究显示，人们必须用更加宽广的方式来看待多元文化，特别是用一种解构的思路去表示好奇，进而尊重家庭中的多元文化。

家庭治疗和系统关系工作特别重视大环境对人的影响，特别关注大环境会如何塑造人。所以，在现代的家庭治疗工作中，我们不仅需要看到人们的内心和关系的塑造过程，还需要看到大环境给人和系统带来了什么。这里所说的大环境，包括历史、文化与主流价值观等概念。

本章的目的是，看看这个大环境里有哪些元素是我们可以关注的。希望通过阅读本章，你可以思考一下自己的家庭与这些多元文化的关系。

多元文化的建构

我们先来看看咨询师的多元文化脉络是怎么建构的。

我想请你思考一下：如果你是咨询师，你的多元文化脉络是怎么建构的？你和多元文化元素的关系是什么？

首先，要关注自己的多元文化背景，理解自己的多元文化脉络，即不断自问：如果把这些多元文化元素放在关系工作中，放在家庭工作中，可能会带来什么样的启发和对话？

其次，要回到来访者面前，对来访者表示好奇。运用这种对多元文化的理解，打开更多的对话空间。用解构的方式尊重来访者，表示对来访者的好奇。

我们要看看，我们对于多元文化的理解是怎么形成的？我们要怎样更开放地允许来访者及其家庭，在被尊重与好奇的氛围之下，诠释属于他们的故事。

这种对多元文化的理解，会让我们看到很多并非理所当然的东西。我们要谦卑地看到咨询师拥有的优势是什么，来访者在多元文化脉络里是如何被塑造的。这种理解，能够让家庭关系的工作更细致。

下面我会分别介绍十个多元文化的元素，希望你在阅读的同时，看看自己和这些元素的关系是什么，在关系和家庭工作中，这些元素可能开启的对话又是什么。希望这些内容可以为你在看待家庭和关系时带来更多的理解。我认为，咨询中不能急于开出权威式"处方"，好好理解来访者及其家庭，才更能发现家庭的力量，也更能与受访者共同去创造。

这些多元文化元素都是宝贵的，大家都生活在其中，如果增进对多元文化的理解，我们的"触角"就可以伸展到更丰富的地方。我们可以提醒自己注意这些元素，也可以陪伴家庭看到这些元素。在处理家庭关系中的挑战时，这可能会带来一些希望和可能性。

多元文化的元素

年纪

在多元文化的元素中，年纪是一个很重要但极易被忽略的元素。

当我们与不同年纪的人工作时，我们对他们的预设是什么？我们对他们的看法是什么？比如：孩子会有什么想法？孩子不会有什么想法？或者我们会认为，孩子只拥有他们那个年纪该有的想法。但是在咨询中，我们更需要思考：对于不同年纪的来访者，我们还可以怎样开放地与他们工作？

举个例子，在我过去的一次督导中，受督的咨询师很困惑，他报告的那对夫妻已经五十多岁了，为什么他们年纪这么大了，还想要探索他们的亲密关系？这位咨询师的想法特别值得我们思考。因为很多时候，我们会认为亲密关系只是一个特定年龄段的人才会关心的问题。但是如果在多元文化的背景下看待年纪，我们就会明白，对于年纪大的来访者来说，当他们谈论他们的关系，谈论他们的争吵和冷战时，同样需要被聆听，需要被理解。

如果我们心中预设，对于年纪大的人来说亲密关系不重要，那么我们对年纪大的人的亲密关系，就不会感到好奇，不会想要陪他们去探索。或者在我们原来的观念中，可能认为有些东西只属于年轻人，而不属于老年人。对于这些方面我们需要在观念和心态上进行调整。

我记得在一次督导中，受督的咨询师陪伴一位七十多岁的老人谈论他的生活。这位老年来访者在离婚之后进入单身状态，随后遇到了很多挑战，不知道接下来该怎么生活。这名咨询师对这个个案感到很无力。他认为，来访者年纪都那么大了，又离婚了，咨询师还能帮他什么呢？

我在督导的过程里，陪着他慢慢看，发现这位老人在对他的生命进行反思和整理。这名咨询师发现，陪伴年纪大的人去看生命中的痛苦和挫败，原来那么重要，那么有意义，那么有价值。他说，这个过程就像这个老先生慢慢地打开了一幅卷轴画，让咨询师可以看到完整的画面。咨询师开始觉得自己不再被"年纪大"这个概念困住了。

以上两个例子都很值得我们思考。现代人的寿命越来越长了，如果我们心里将一些事情限制在某个年龄段，我们可能就不允许年纪稍微长一点的人去开创他们想要的生活。现代社会老年人很多，老年人有着各种各样的状态。我们要以开放的心态去看待年纪，允许不同年纪的人的情感、关系及其他元素流动起来。

我们也需要注意我们对于年轻人或孩子的看法。我们会不会预设年纪小的人就懂得少？或者我们懂的一定比孩子多？虽然人的大脑大概在二十一二岁才发育完全，但是大脑在发育的不同阶段，仍然有其特殊的智慧。所以我们在与不同年纪的人工作时，不能局限于"年纪"这个单一元素，而限制了对他们的好奇心。

另外，怎么和不同年纪的人工作而不被我们自己的年纪限制呢？我们需要回到这个问题：身为咨询师的我们是怎么看待自己的年纪的。思考一下，我们的这些预设是怎么形成的？我们对于年纪的定义是怎么形成的？可能是因为我们看到自己的爸爸妈妈、爷爷奶奶在他们某个年纪的样子，所以我们觉得到了这个年纪就是这个样子的。

我不是说这些想法一定不好，而是希望我们重新检视我们对年纪的看法，这样才能够允许我们"看见"不同年纪的来访者。在家庭里，怎样能够注意到年纪在家庭关系里扮演的角色，也是很值得思考的。最后我想说的是，只要建立在不伤害自己、不伤害他人的基础上，人们用自己的方式为自己的年纪下定义、做诠释应该被允许。

性别

在家庭里，人们对于性别的期待——对自己、伴侣或其他家人的——会影响关系。

我们可以想一想，作为个体，作为咨询师，我们是怎么习得自己的性别角色的？这些其实都受到了我们的文化脉络的塑造。在不同的国家、种族与时代氛围下，人们对性别角色会产生不同的看法。所以，可以想一想：

- 你作为男性或女性，父母对你有什么样的期待？同辈对你有什么样的期待？社会对你有什么样的期待？你对自己又有什么样的期待？
- 这些期待给我们现在的生活带来了什么？

这些期待可能有其美好的影响，也可能有其困难的地方。看看我们每个人是怎么建构、拓展出特定的性别角色的，这是一件很有趣的事情。

除了生理上的明显差异，性别在夫妻关系里扮演着很重要的角色。丈夫对妻子的期待，妻子对丈夫的期待，都很有意义。很多时候性别议题在家庭里并没有浮上水面，只是维持着遵循传统规则的暗流，但这些都会在我们的成长过程中伴随我们，陪着我们长大。

那么，我们要如何邀请来访者探索性别在夫妻关系中的影响呢？

在我之前讲授过的一门案例解析课中，我就是通过多元文化的性别视角，对夫妻性别角色的分工进行工作的。我希望通过对性别的历史脉络的理解，让夫妻的性别塑造脉络能够被清晰地看到，然后再看看妻子可以怎样搭脚手架，逐步引导丈夫参与。

性别元素的另一个部分是，如果我们有女儿，会怎样养育女儿？我们希望她成长为什么样的女孩？如果我们有儿子，又会怎样养育这个男孩？

可能每名家长对于怎么养女儿、怎么养儿子都有自己的想法。在这些养育方式里有没有什么是相似的？有没有什么是不同的？这些都是性别元素里包含的内容。

曾经，有较多女性学员和我说过，她们在重男轻女的环境里长大。这种对女孩、男孩的不同养育期待，是我们的文化中亟待探索的东西。在家庭对话中，从这样的议题切入去了解和探索，一定很有意义、很有价值。

对于性别这个多元文化元素，我们怎样打开对话的空间呢？我们在聆听来访者的故事、家庭的故事的时候，可以用一种好奇的、尊重的问话，陪他们探索他们的性别角色是如何建构的。以下是一个解构性别角色的练习。

- 在你的成长过程中，你是怎样理解女孩/男孩角色的？
- 你如何呈现和表达你理解的性别角色？
- 你对性别角色的表达有哪些地方令你满意？哪些地方令你不满意？
- 调整我们的性别角色不太容易，如果可以调整，你想调整哪些方面？
- 这种调整可能会给你，以及你的家庭关系/婚姻关系带来什么变化？

如果你是一位女性咨询师，你认为女性应该是什么样的？当我们遇到一名女性来访者，如果她与我们期待中的女性不一样，作为咨询师的我们内心可能会产生冲突，此时我们可能就无法对面前的来访者感到好奇。

如果你是一位家庭咨询师，你认为男性应该是什么样的？在伴侣/夫妻咨询中，如果丈夫的价值观与咨询师的价值观不一样，也会带来一些冲突，咨询师会感到很难对这名男性表示好奇，很难探寻他对性别的理解。

我们的文化里有一种常见的现象——男性不被鼓励去表达情绪。很多男性不被鼓励、不被允许表达情绪，因而使夫妻关系产生了隔阂。

如果我们在咨询中，能够看到有些男性行为的养成也许与他们曾经的"不被允许"有关，就可以试着对男性表示好奇，试着理解他们，然后邀请伴侣/夫妻探讨"未来的情绪在关系中可以怎么流动"。

家庭咨询中还有很多值得探索的元素，当我们可以这样带着历史文化的脉络去深刻地理解它们的时候，我们就可以打开伴侣/夫妻的对话空间，让他们有磨合的机会。

阶层

在生活中，社会阶层也会影响家庭。

我们常常听说，一些家庭中的夫妻来自不同的阶层，因为两人背景的差异而产生了价值观的冲突。但也有一些夫妻，虽然背景不同，但是找到了理解彼此的方法，能够很好地磨合。

我曾经在一个国外的工作坊中，听过一位咨询师分享的他的故事。这名咨询师结婚后发现，因为他的妻子的童年生活非常富裕，所以在他们的夫妻生活中，妻子时时都觉得很满足，不会特别需要什么。但是作为丈夫的他，因为童年时期的生活非常贫困，因此他特别想要满足童年的缺失，时常想买东西，但当他想买东西的时候，又担心妻子会说他浪费。

庆幸的是，夫妻俩都有心理学背景，妻子不但没有埋怨丈夫，还很理解地对丈夫说："你小时候过得比较苦，现在如果需要什么，就去买吧！没有关系。"开启了关于这个主题的对话之后，他们很快就找到了好好相处的途径。

来自不同阶层的成员组成的家庭，有时候会变得很复杂，但是，如果愿意去理解他们，仍然可以慢慢地思考能怎么做。

有关阶层，我们还需要考虑咨询师的阶层背景。比如咨询师来自中产阶层，来访者来自贫困阶层。此时贫困阶层的家庭可能有一些咨询师无法理解，或者对咨询师来说很陌生的价值观。如果咨询师否定来访者所处阶层的价值观，可能就阻断了咨询师对这些贫困家庭的理解。

我曾经在美国的两个社会福利机构工作过，对贫困家庭进行过家访。我自己的原生家庭虽然并不富裕，但还算小康水平。记得我在和这些贫困家庭工作时，听到这些家庭的成员对事情的看法，看到他们的生活环境时，一开始还是受到了冲击。例如，我听一位体重过重的妈妈说过，她不是不知道应该吃健康的有机食物，不能只吃麦当劳，但那对她来说就是最便宜且能饱腹的食物。我不断调整自己，带着一种开放、尊重的方式和他们一起工作，让他们觉得我是真心愿意去关心、欣赏、理解他们的，这样咨询工作才可以继续进行。

当我们和不同阶层的人工作的时候，怎样对阶层的障碍保持警惕？怎样跨越这些障碍呢？我曾经参加过一次针对这个话题的会议，听一位咨询师分享了他与不同阶层的人工作的经验。他说，他在好莱坞地区与很多明星及富人工作。一开始他非常紧张，这些人这么有名、这么有钱，他们会听他说的话吗？但因为他在那个地区工作，他需要学习怎么和这个阶层的人工作。因此他通过督导来协助处理他的焦虑，最后他慢慢地对自己有了信心，不再认为自己无法胜任。他开始慢慢地调整，将观念转变为：如何关心这个富裕但是仍然需要帮助的人群。克服阶层差距对他的影响之后，他才知道该怎么工作。

所以，关于和不同阶层的人工作，有两个方面需要考虑：一是阶层差异对我们自己的家庭的影响；二是我们和来访者的阶层不一样时要怎么工作。

教育

我们也需要探究教育背景对家庭的影响。

当家庭成员的受教育水平不一样时，有时会存在一些竞争和比较。我们要如何在咨询中看到教育元素对家庭关系的影响？比如，伴侣/夫妻中一人是博士，一人只有高中学历。

有一些伴侣/夫妻会因为这种差异而产生很多价值观冲突，于是来寻求心理咨询。我们可以从他们的教育背景中看见不同的思维体系与价值观，这时我们可以协助他们去理解这些差异中不该被忽略的重要东西。

和阶层一样，使用竞争、比较的方式来处理教育水平的差异，对家庭关系没有益处。作为咨询师，我们需要理解这一点。

我对教育这个多元文化元素很敏感。我和我的先生都是我们各自的家族里唯一获得博士学位的人，在家族聚会时，我们都不希望因为我们的高学历让其他家人觉得他们说的话没有分量，因此我们会格外留意。

有一次，我的阿姨问我："你读了那么多书，会不会瞧不起我？"我被这句话吓了一跳。那时我突然意识到：作为孩子的我们受教育水平越来越高，但无论我们读了多少书，我们的经历有多么丰富，都要归功于父母的栽培。有时父母接受的教育不多，生活很单纯，他们可能会开始觉得自己不如我们。我马上对阿姨说："你和我的妈妈都是抚养我长大的人，都是帮我换尿布的人，我对你们感激不尽，怎么会瞧不起你们呢？"阿姨之后也和我的妈妈说了这件事，可能是妈妈想问我这个问题，但她不知道怎么开口。

想要更细致地理解教育这个多元文化元素，可以试着就此元素在家庭关系里看看可以怎样陪伴彼此，创造彼此想要的关系。

有一次，我督导了一位还在研究所受训的咨询师，他的父亲是农夫，在家种田，受教育水平不高。在督导中，这位咨询师发现，自己和很多困难案例工作时，是那种坚持、不离不弃的精神在支持他，而这正是传承于他父亲的农夫精神。他发现，他在咨询工作中也像个农夫，一直在垦荒，在陪伴来访者。说到这里他流下了泪水，因为他才发觉，虽然爸爸读书不多，却给了他很多宝贵的生命智慧。

城乡

我在美国教学的时候，大家不会特意地讨论城乡元素，但是戏剧里出现的对城市精英（如纽约人）的调侃已经隐含了这个元素。在多年的实践经验中，我发现城乡这个元素似乎也是我们的生活里不能忽略的。

我经常听到学员说："我的爱人是从农村来的，我是从城市来的。"尽管很多人在这种城乡不同的背景下能够找到整合的生活方式，但也有一些伴侣/夫妻因为城乡差异，在关系中很难磨合。

此时，我们要协助他们理解彼此重视的价值观，然后再看看他们可以如何有创意又彼此尊重地在一起。我认为在多元文化里，最基本的就是尊重所有来自不同背景的人。一旦我们进行无意义且可能伤人的比较，就陷入了多元文化的误区。若我们能够在多元文化的视角下，学会尊重和理解不同背景的独特性，就能发掘出值得珍惜的东西。

比如年轻人到城市打拼，而他们的父母在农村。有时候父母可能会来城市看望孩子，有时候孩子也会回老家探望父母。这其中就涉及农村与城市的生活形态的差异，这极可能给家庭带来一些直接影响。

当我在国外讲授多元文化相关的课程时会谈到移民，移民主要涉及从一个国家迁移到另一个国家时的适应与认同问题。移民也是多元文化里一个很重要的元素。在做家庭治疗时，不仅要关注家庭关系，还要关注大环境。我在不同城市上课的时候，很多人会对我说，他们是从另一个城市迁移到这个城市的；或者从另一个省份迁移到这个省份；或者从南方迁移到北方。如果伴侣/夫妻分别在两个城市工作和生活，那又是另一种形式的"移民"了。

我们去寻找、探索、看见家庭或伴侣/夫妻更多力量的时候，就可以对移民这个多元文化元素表示好奇。移民背后的意图、移民的准备、移民的行动、移民的开展、移民的挑战、移民的调整等，整个历程都充满了勇气。

语言

语言是一个很奇妙的东西。我们每天都在说话，但是不同的口音代表了不同的意义、价值和地位。

主流口音拥有的优势可能是什么呢？而非主流口音可能会如何被弱化、看低？我们可以想一想：在我们的生活里，对于来自各地的人的口音，我们的预设是什么；不同的口音对于我们和对方的相处，会带来哪些影响。

我之前到外地去教学，有一个主办方负责人对我说，他从一个省份到另一个省份工作，总觉得自己的普通话不是很标准。因为普通话不标准，他常常没有自信，所以一直在努力调整自己的口音。当时我对他说："你没有留在原来的城市，而是到另一个城市发展，我觉得你很勇敢，再加上你的普通话讲得并不差，口音也是你宝贵的资产。"对于"怎样尊重我们的语言"，我觉得这是可以思考的。

在家庭咨询工作里，也可以去理解语言这个多元文化元素。当我们与一个家庭工作时，如果家庭成员有一些口音，我们会如何看待这个家庭？如果家庭里有些人的普通话比较标准，有些人的普通话不太标准，这又会给家庭的互动带来什么影响？

多元文化的视角很重视对他人语言的尊重，口音也应该被尊重。比如某些省市的人说的普通话可能带有一些口音，对于这些非主流的口音我们应该理解，因为口音承载了一种有别于一般的文化，更需要被看见。

很多年前，在一次家庭治疗的访谈演练里，小组学员分别扮演一位从缅甸来的华侨妈妈和一位本地的丈夫，我在旁督导。演练进行一段时间后，我试着和这个家庭对话。

我询问华侨妈妈缅甸当地人对于教育孩子的看法，我请这位华侨妈妈先用缅甸语来表达，然后再翻译为我们能听懂的中文。这位扮演华侨妈妈的学员后来反馈说，在对话的过程中，她一直觉得自己是一个来自缅甸的外人，她一直很紧张。直到我问她缅甸人对于教育的看法，邀请她用缅甸语来表达的时候，她才放松下来。

对于语言背后的文化，我们要如何尊重它，理解它？这些其实都存在于我们的生活里，可能我们平时不一定能注意到，但是当我们带着多元文化的视角来看待语言的时候，人们在社会中的位置、家庭中的关系，都是很有趣的话题。

我本人对语言这个元素有特别的体会。我在美国生活了很长时间，每天只有在家里才和我的先生说普通话，一出门我从早到晚都得说英文。因为我不是在美国长大的，所以其他人一听就知道我不是当地人，所以我每天都带着对自己的英文水平的不确定感，很努力地工作。偶尔有一些美国的同事或朋友，会特别地尊重我的带有口音的英文，不因口音而持续地对我的想法表示好奇，此时我就会觉得被关注、被尊重。

在国外的经历让我发现，当自己不是当地人时，对于语言会特别敏感。当人们和我说觉得自己说的普通话不是很标准，觉得自己似乎不够好的时候，我一定会试着找出口音背后的一些力量、一些勇气，以及一些宝贵的东西。

健康

我们对健康的定义是什么？当我们和一个家庭工作的时候，我们怎么看待家庭里每个人的健康状态？健康状态对家庭的影响可能是什么？整个家庭的状态，包括家人的生活状态，他们怎么面对各种各样的挑战的状态，对家庭的影响又是什么？

在多元文化的视角下，我们要如何定义健康？我们要如何尊重有残疾成员的家庭？或者有患精神类疾病的成员的家庭？有身体或心理的挑战就"不健康"吗？

这里涉及两个方面，一是家庭内部是怎么面对这些情况的；二是作为咨询师，或作为家庭关系的陪伴者，我们怎么看待这些情况。

很多人认为，如果一个家庭有残疾的家庭成员，就代表这个家庭很可怜。但是多元文化思维提醒我们：对于有残疾成员的家庭，我们要尊重他们，要对他们感到好奇，还要理解他们。因为在家庭治疗中，疾病也是一个很重要的多元文化元素。

我们都知道，疾病可能会给个人和家庭带来点点滴滴的变化。我们如果希望成为一名有多元文化视角的婚姻家庭咨询师，看待健康的方式非常重要。

我们不能轻易否定家庭的那个"辛苦"的状态，而要尊重家庭展示出的各种各样的状态。在多元文化视角中有一个很重要的思路是：不歧视所谓"状态不好"的家庭。

在早期的多元文化视角下，我们可能会说怎样是比较好的，怎样是不太好的；会分类，会两极化。但是在受到后现代思潮的影响，受到"叙事"的影响后，我们开始用解构的视角去看待这些课题。作为咨询师，我们要检视我们自己的假设,看看我们有没有带着固有的假设下结论。我们可能更需要用解构的心思,去陪伴这些不同的家庭,看到他们在他们的状态下的价值和意义。

我们可以想一想,不管人们健康或不健康,都需要陪伴,都需要我们贴近他们,并从他们的状态里找出还可以做什么的可能性,虽然有时候这些状态带给家庭的冲击是巨大的。

带着多元文化的视角,我们会问家庭,在过去当家庭的情况还好,或者家人没有生病的时候,家庭是怎样的?自从家里有人生病了,家庭发生了什么变化?陪伴家庭理解他们在不同状态下的情况,找出他们在不同状态下的宝贵资源,然后再带着这份新发现的资源往前走。

世代

大家都能体会到,现代社会变迁速度越来越快了,过去有人说"十年一代人",现在甚至有人说"三年一代人"。

世代在变化的时候,家庭里也有很多需要思考的地方。最常见的不同世代间的相处就是青少年和中年父母的相处。我认为,每一代人的想法和价值观都需要被理解,而不是被否定。如果我们的家庭工作涉及几代人,就可以邀请家庭成员看看一代一代人的变化,理解其在这个大环境之下的脉络。就算父母和青少年有冲突,也可以理解当父母面对同样的课题时,父母自己在青少年的时候是如何与其父母处理的。如果我们否定老去的世代,新的世代也无法得到支持。

作为咨询师,我们也是属于某一世代的人。我们有我们世代的价值观和理念,如何更开放地理解和我们属于不同世代的来访者?其中有许多值得反思的东西。

- 我们如何理解不同世代的价值观,并对其表示好奇?
- 不同世代的家人可以如何更贴近彼此?

- 不同世代各自重视的理念和价值观是什么？
- 不同世代之间有哪些冲突？
- 面对世代冲突我们是如何调整的？

种族

当伴侣/夫妻来自不同的族群时，我们要如何理解不同族群的价值观和理念？是否一方的种族理念成为关系中的主要信念，而另一方则不被允许表达？

在我们生活的环境里主要的族群是汉族，因此在多数情况下，汉族人会和汉族人结婚，当汉族人和其他民族的人结婚时，可能就需要探寻双方的相处方式，理解彼此传统理念的价值，找出适合新组成的家庭的生活方式。

当来访者因种族因素带来的冲突来寻求咨询时，我们可以试着看看：

- 来自不同族群的他们是怎么长大的？
- 他们的族群最重视的是什么？
- 当伴侣因不同族群的信念产生冲突时，他们是怎么磨合的？
- 他们会怎么理解彼此？怎么对彼此感到好奇？怎么往前走？

在美国这个"大熔炉社会"中有白人、西班牙裔、非裔、亚裔等，旅行求学与就业流动带来了世界性跨种族的交往机会，不同种族的人结婚即"跨种族婚姻"。在临床咨询中，跨种族婚姻往往会带来许多值得重视的课题。

两个人在谈恋爱时，可能不会特别地关注双方各自的成长环境、成长文化里很多对方没有经历过的特别之处。当咨询师有机会和这样的家庭一起工作时，可以对不同族群的价值观多加关注，不管是关于关系、生活、养育孩子的，还是家庭其他方面的。

我始终认为家庭是多元文化融合的一个重要场域，当然这个融合过程有时候充满挑战。作为婚姻家庭咨询工作者，如果我们有多元文化的理论基础，就能够更全面地关照家庭，看看能够从哪里开始探究，从哪里"挖宝"。看到家庭的宝藏，让家庭里的人通过多元文化元素，获得更深刻的理解。在理解中看见彼此可以给家庭带来更丰富的力量，在力量中我们可以看到该如何创造，如何帮助家庭往前走。

性取向

在多元文化元素中，性取向是一个随着时代观念的开放而逐渐浮现的重要元素。

不同的文化与时代对性取向可能有不同的看法。家庭中有同性恋者可能会给家庭带来比较大的冲击，这些家庭更需要拓展足够的对话空间来面对这种困难。

我在哈佛大学的教学医院剑桥医院的伴侣和家庭临床中心担任顾问督导的时候，曾经督导过一位社会工作者。当时，他正在和一个家庭里的丈夫工作，偶尔其妻子也会加入咨询。在一次咨询中，来访者告诉这名社工，他准备告诉他的妻子他是同性恋者。可那时，他的妻子很希望生个孩子。所以这位来访者感到非常矛盾，不知道该怎么办。这名社工陪伴他去看要如何面对这种情况。这是一个性取向相关的咨询案例，也是我们在做家庭咨询时可能会遇到的议题。

我也记得一位婚姻家庭治疗师（也是全职教授）的故事。虽然这名治疗师教授家庭治疗的课程，但当她处于青春期的儿子告诉她他是同性恋者时，她还是吓了一跳，不知道该怎么办。接着，这名治疗师征询了很多她的家庭治疗领域的朋友的建议，重新学习陪伴"出柜"的儿子。后来，她也因这样的自身经历而主动陪伴有这种情况的家庭。

总　　结

　　多元文化的元素于我们而言不仅是理论知识，我们需要思考、琢磨，探究它们在我们的生活与工作中到底起了什么作用，对我们陪伴的家庭到底会有怎样的影响。所以我希望你可以整理出属于自己的多元文化知识，可能每个人都有自己独特的历程。在家庭咨询工作中，这些多元文化元素是我们一辈子都需要去思考的东西。

　　我喜欢把心理学知识落实到生活中。阅读完本章后，你也可以想一想，这些元素会给你的家庭带来什么。你还可以和你的伴侣、孩子和父母讨论，对彼此的多元文化表示好奇。我认为，家庭中有非常多的多元文化故事，开启这种对话，可能会引发更多的理解与创造。

　　最后，我们可以总结出三种多元文化视角的基础。

　　第一，探寻多元文化的建构。每一种文化都不是凭空出现的，一定有一个建构的过程。它也不只有一种呈现形式，多元文化是丰富的、多变的，需要我们不断循着脉络去理解。

　　第二，尊重多元文化中的在地性智慧。尊重在地性智慧特别重要，专家所说的并非绝对正确。

　　第三，带着丰富的多元文化视角去陪伴家庭。我们要在多元文化的视角下，去理解、探索和创造适合不同家庭关系的思维方式和方法。

练　　习

　　1. 你的原生家庭和你的新家庭与这些多元文化元素的关系是什么？这会给你带来怎样的反思？

　　2. 当你陪伴不同的家庭或关系时，这些关于多元文化元素的学习可以打开怎样的对话空间，带来什么可能性？

后现代视角下的多元文化思维导图

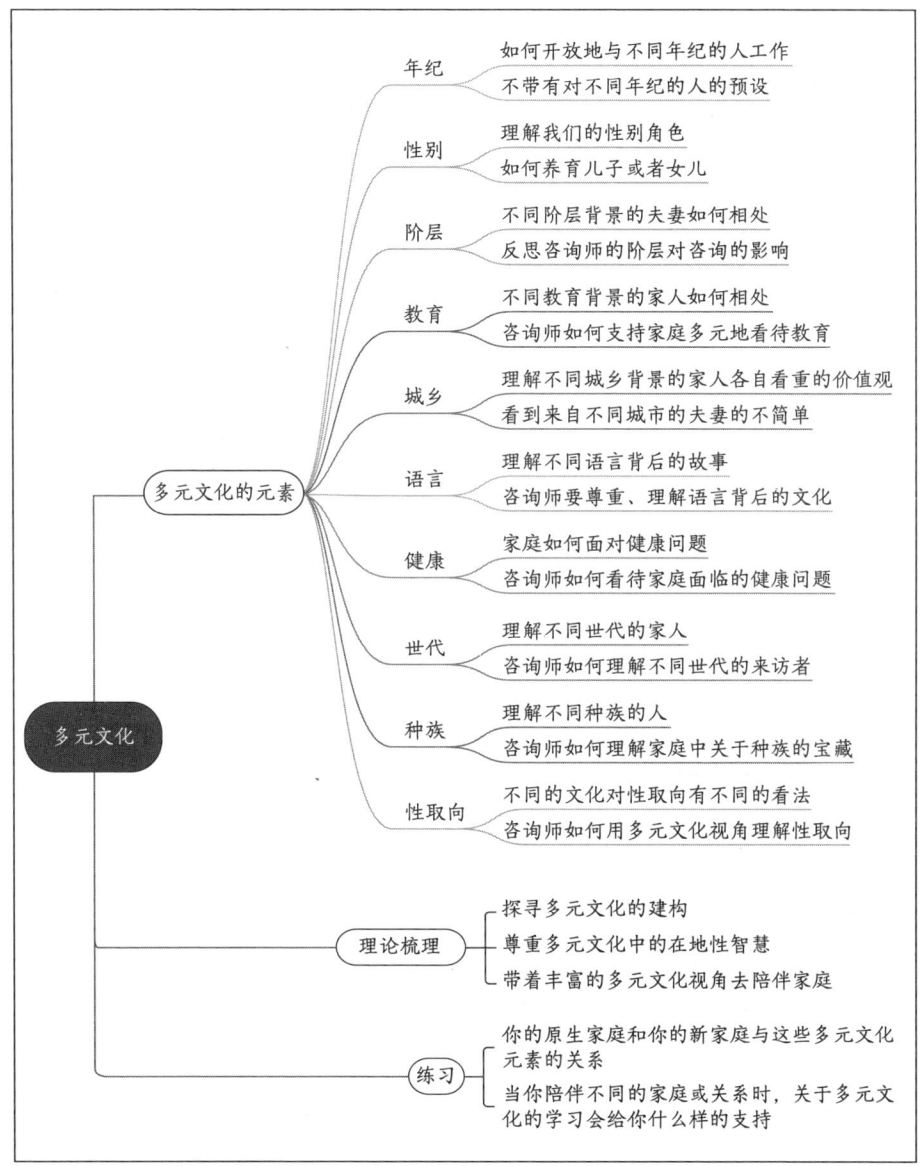

思维导图绘制：于晓阳

第一部分

婚姻伴侣关系案例督导

引　言

我总是很珍惜给和伴侣/夫妻工作的咨询师提供督导的机会。我替这些来访者感到高兴，因为他们愿意为自己的伴侣关系付出努力，无论他们遇到的关系议题是多么的复杂和困难，无论能否迅速找到解决方法，寻求心理咨询的行动就是改变的开始。

伴侣关系是一种不容易协调的关系。一开始两个人充满期待地决定在一起，但迈入不同的生活阶段之后才发现，这个过程中有很多挑战、很多未曾想到的事情。两个人本想享受关系，现在却陷入关系困境，苦不堪言。

虽然伴侣关系错综复杂，有时与原生家庭有关，但在该部分的五个婚姻伴侣关系案例的督导中，我心中始终带有以下四个意图：

1. 如何在伴侣关系中看见希望；
2. 如何陪伴伴侣在关系中学习贴近彼此；
3. 如何在伴侣关系中打开对话的空间；
4. 如何设计改善伴侣关系的实验方案。

第一，要看见"希望"。希望可以鼓励伴侣坚持走下去，挫折与失望会让伴侣泄气，丧失持续付出的意愿。

关系中的希望到底指什么？我从多年来陪伴不同伴侣的经验中发现，希望包括：

- 我是值得被关心的；
- 对方愿意理解我；
- 面对生活我们有"在一起"的感觉；

- 我们彼此信任；
- 我们愿意共同守护这个家；
- 我们想共同抚养孩子长大；
- 不理所当然地看待关系中的彼此；
- 愿意放下不愉快的经验（不记仇）；
- 愿意共同面对生活的艰难（同甘共苦）；
- 愿意支持彼此，同时孝顺双方的父母。

当然还有很多会带来关系中的希望的元素，你可以慢慢琢磨，看看你的希望在哪里。

第二，贴近彼此能让伴侣感到幸福。但有些伴侣可能会用较真的方式和对方相处，习惯性地想证明自己的想法比对方的更好。伴侣在相处中出现关于想法的竞争也许在所难免，但这种竞争往往会带来冲突和不愉快。所以在思考这些婚姻伴侣案例时，我总是试图在促进双方相互理解的同时，也试着让他们贴近彼此的想法。

我在多年来和不同伴侣对话的过程中发现，咨询师先贴近伴侣双方，再邀请伴侣试着做出贴近对方的行动和表达，这会为关系带来流动与联结，制造出令伴侣贴近彼此的机会。如此伴侣便可以自然、不被勉强地做自己，此时伴侣关系的维系就不会那么困难。伴侣双方不时时想要改变对方，而是贴近彼此，关系中的幸福和力量就会被激发。

第三，"打开对话空间"是设计对话时很重要的思路。在很多看似停滞的关系中，可以通过设计关系对话，让伴侣有机会用一种开放、不指责、去病理化的思维来进行对话，进而打开思路，共同为彼此创造不同的未来。其中可以融入各种后现代的理念与技术，在对话中陪伴人们建构并创造不同的人生和关系。

第四，在婚姻伴侣关系中运用"关系实验方案"。关系是一门学问，来自不同成长背景的两个人要生活在一起，想要一次性"搞定"没有那么简单。

其实伴侣关系的改进和实验室中的实验有很多相似之处,做过科学实验的人都知道,实验很难一次就成功,往往要尝试很多次,需要不断调整参数才能达到预期的效果。

在伴侣关系中,我们往往因为初期磨合不顺利就认为关系是失败的,但若能多实验几次,多尝试几种方法,慢慢总会找到适合伴侣的生活方式的。伴侣关系的调整其实是一个充满谦卑的学习过程,两个人在学习中时有不顺或不快是很正常的事情。正因为有这些不顺,才让伴侣有机会去探索、调整,并找到最佳相处方式,让双方都愉快而满意。带着实验精神去经营伴侣关系,心中的压力就不会那么大,双方都知道在关系中要多尝试几次,才能调整到彼此都满意、都接受的状态。

下文中的五个婚姻伴侣关系案例,每个案例中的来访者都很不容易,但他们在关系中的经验都特别珍贵。他们和咨询师的分享,让我们有机会体会他们的生活脉络,引领我们共同去思考,当我们遇到这些情况时,我们可以如何在这些关系中去理解彼此、打开对话空间,并创造更多可能性,进而好好同行。

案例一　关系痛苦中的看见与行动

在这个案例中，女性来访者在婚前、婚后均被殴打；经历了结婚、离婚、复婚。咨询师应如何面对来访者的煎熬和无助？咨询方向是什么？

被殴打是一种创伤，是心理的创伤、身体的创伤，也是关系的创伤。殴打会破坏夫妻关系中的安全感，也会破坏信任感。很多研究都发现，殴打是夫妻关系工作中不容易应对的一种情况。但只要来访者愿意，咨询师就要和来访者一起努力尝试做创伤的疗愈工作，并在来访者的婚姻"卡顿"中，助其找到突破的方法。

来访者的这种在困难中寻求帮助的意愿，也是一种对自己的照顾、一种帮助这个家庭的行动力。这种行动力特别宝贵，代表了来访者面对生活的力量和勇气。来访者过得越煎熬，我们越要看到来访者宝贵的地方。比如，看看来访者对于维系婚姻所做的努力，看看她在煎熬的夫妻关系中如何获得照顾孩子的力量，等等。

在咨询中探寻、理解来访者的那些没有机会表达的东西，陪来访者看到自己重要的资源、重要的力量，才是最重要的。通过写信等方式，来访者也许会更多地听到那个被殴打的自己的心声，然后多去关心自己。生活越困难，越要找机会珍爱自己、灌溉自己、滋养自己。

当夫妻关系中存在殴打的情况时，需要了解并评估其危险性，然后再决定是否可以做关系工作。这个案例中，来访者希望能和丈夫共同把这个家经营好，希望丈夫和她一起努力，为彼此和宝宝创建一个美好的家。因此，我们陪伴来访者去看见她的"卡顿"、看见她的痛苦、看见她对家的愿望，并邀请她协助丈夫。

还可以从理解丈夫的视角看看丈夫的心理。当这名来访者看到丈夫的煎熬的时候，也会看到丈夫的不知所措。这是妻子的力量，也是这个家庭的力量。以多元文化的视角，去探寻、解构丈夫的殴打。通过设计一系列问话，我们可以先陪来访者理解她的丈夫，然后慢慢地在咨询中更清楚地看见自己，在生活中开始理解她的丈夫。我们可以陪伴来访者看到丈夫的希望、丈夫的资源。陪伴来访者和她的丈夫交流。陪伴来访者通过一种不同的视角，邀请她的丈夫培养"丈夫的力量"。

个案报告

一般资料

来访者为女性，28岁，已婚，育有一子，儿子2.5岁。

来访原因

因婚前被殴打的阴影一直笼罩在来访者心里，婚后夫妻二人关系不和谐，来访者想通过心理咨询摆脱煎熬，好起来。

来访者的心理困惑

来访者自述婚后一直是以三口之家的形式生活。丈夫经常借故在外应酬，一家人很少围坐在一起吃饭。在疫情期间，即使不能外出，丈夫和妻子也是自己做饭自己吃（"各做各吃"），儿子的事都是妻子管。夫妻二人经常因意见不合而发生争执，目前沟通很少。来访者有心事会和自己父母说，但夫妻之间的矛盾她不想让父母知道，怕他们担心。夫妻双方和对方父母的关系也不太融洽，没有一家人的感觉。来访者感到很煎熬，不知道自己在这样的煎熬中还能撑多久。

来访者自述在结婚前几天因发生争执被男朋友（即现在的丈夫）殴打

（具体原因不详），决定取消婚礼。后因来访者父母的极力劝说，害怕丢脸，且男朋友登门道歉并保证不再打她，最后婚礼还是如期举行了。

婚后，来访者总感觉自己过不了被丈夫殴打的那道坎儿，婚姻中争吵不断。两人很少产生共鸣，来访者感觉丈夫也很煎熬。在儿子1.5岁的时候，一次争吵后丈夫又动手打了她，来访者下决心离了婚。

离婚后的日子并不轻松。一是来自父母的压力；二是来自亲朋好友的劝说；三是抚养、教育儿子的不便。于是在丈夫又一次的道歉和保证下两人复婚了。复婚后的生活一如既往，来访者仍然过不了这两次被殴打的坎儿，也看不到丈夫的改变，感觉丈夫依然大男子主义、自以为是。来访者认为丈夫的心理问题比自己还严重，而他又不愿意求助。现在，来访者出现了失眠、头疼、盆腔积液、腰疼的症状，认为这样的日子实在撑不下去了。

熙玥老师的回应

这个案例中的来访者在婚姻前后被丈夫殴打两次，仍然继续在婚姻中生活，实在不容易。在现实生活中，确实有许多女性会遇到这种情况。

来访者在结婚、离婚、复婚的过程中，对自己有所觉察，对夫妻关系和家庭有所觉察，并且在觉察中看到了自己的煎熬和因此带来的失眠、头疼、腰疼；看到了本是一家人却没有一家人的感觉的现状；看到了自己快撑不下去的心态；也看到丈夫的心理问题比自己还要严重。在种种挣扎里来访者感到特别痛苦，因此决定找心理咨询师帮助自己摆脱煎熬，希望自己能够好起来。

这种在困难中向外寻求帮助的意愿，也是一种对自己的照顾、一种帮助家庭的行动力，这种行动力特别宝贵。在这个艰难的时候，愿意探索外界的资源以帮助自己、帮助家庭，在困境中想办法，这些都代表了来访者面对生活的力量和勇气。

来访者遇到这么大的婚姻难题，尤其是被殴打的时候，可能无人可以倾诉。她怕说了别人会瞧不起她；怕周围的朋友会太愤怒，还要照顾朋友的情绪；怕把夫妻矛盾告诉父母，父母会担心。通常当一名女性遇到这种情况时，咨询师的陪伴就显得特别重要——让她的"不可说"有地方可说，而且不被批判，得到陪伴。此刻，咨询师好好聆听来访者的诉说，不会瞧不起她，也不会把情绪带给她，这对于来访者而言是一个不容易找到的对话空间。

以真诚、共情、温暖和积极关注陪伴来访者，和来访者谈谈婚姻关系中发生了什么事，谈谈来访者的心情，谈谈来访者的痛苦，陪伴来访者去梳理看起来混乱不安的婚姻生活、家庭生活。我觉得咨询师的这一点特别宝贵、难得。

当然，这样的案例对咨询师来说的确很困难，要找到协助来访者的方法也不一定容易。再加上像该来访者这样的故事有时过于强大，作为咨询师的我们会感同身受，也会感到无力。无力是一种很自然的现象，因为我们愿意关注来访者，愿意和来访者待在一起。

另外，我觉得咨询师的无力是很宝贵的：无力似乎也是一种发声。也许无力是咨询师目前的心声，但无力背后可能还有更多声音，可能是希望带出来访者的力量。所以，无力不是结论，当对无力感到好奇的时候，可能会发现咨询师的无力背后有着对咨询满满的渴望，甚至和咨询师想成为怎样的助人者的初衷有关。

此处，我会对咨询师感到好奇：

- 虽然很无力，但你是如何在无力中陪伴来访者的？
- 无力背后的坚持和力量是什么？

来访者越煎熬、越无助，我们就越要看看来访者有哪些宝贵的地方。所以，接下来我会分享一些我的想法，谈谈我是如何看待这名来访者的。

看见来访者的不简单

我想先看看来访者不简单的地方。在我的经验里，一名女性在这样的关系中会感到特别痛苦、特别难受。所以在这个时候，看看来访者重视的东西、不简单的地方，也许可以给她一些力量。

咨询背后的信念

- 来访者是如何在困难的生活中努力的？
- 在过往的生活经验中，当遇到困难时，来访者秉持的态度和信念是什么？
- 这些态度和信念是怎么形成的？
- 这些态度和信念与她想经营的生活有什么联系？
- 困难中的态度和信念带给来访者的力量是什么？
- 来访者的父母和家庭带给她的力量是什么？

母亲的不容易

- 当夫妻关系如此艰难的时候，来访者是怎么照顾 2.5 岁的孩子的？
- 在煎熬的夫妻关系中，来访者照顾孩子的力量是怎么获得的？
- 来访者经历了一段坎坷的婚姻，却仍然倾力把宝宝照顾好；在自己内心苦不堪言的时候，仍然让宝宝看到妈妈愉悦的表情，进而让宝宝开心。假如孩子已长大成人，那么 20 岁的孩子知道妈妈在如此艰难的时候还悉心地照料他，孩子最被妈妈感动的地方可能是什么？
- 当孩子 20 岁的时候，他知道了在成长过程中，作为宝宝的自己也给妈妈带来了很多快乐，尤其当妈妈和爸爸关系不好的时候，宝宝陪伴妈妈度过了一段艰难的日子。孩子觉得自己很宝贵的地方是什么？

在这个案例里,妈妈没有特别提到和孩子的互动,所以在问话中,我以一种好奇的态度看看妈妈会如何陪伴宝宝。咨询师可以根据来访者作为妈妈的角色与宝宝互动来设计一些问话。

这些问话的目的是试着在艰难的夫妻关系中,慢慢地看到一些宝贵的地方。当然,我分享的这些问话需要根据具体情况来使用,如果不合适就不要用。

维系婚姻的不容易

有时候,人们必须想一些方法去面对困难或困境,这些方法也许和主流的期待不一样。我们要有耐心,慢慢地陪来访者看到在这样的关系里各种各样宝贵和不简单的地方。在维系婚姻的不容易这个部分,我可能会对如下方面感到好奇。

- 一家三口很少坐在一块儿吃饭,这种情况对于来访者来说很不容易的地方是什么?(当然,针对吃饭也可以设计不同的问话。)
- 在疫情期间"各做各吃"的生活,可以如何帮助这个家庭在一起?
- "各做各吃"的方式如何兼顾每一个家庭成员在家里的生活?

对于"各做各吃"的现状,很多时候我们可能会抱有消极的态度。但我认为这对夫妻一直在思考他们目前可以做什么,如何维持现在的家庭。以下视角可能会打开对话空间。

- 目前这种沟通很少的状态,如何帮助他们减少因意见不合而带来的争执?可能我们常常觉得沟通很少是一个问题,但是当夫妻关系处于他们目前的状态中时,沟通很少也许是目前他们能够想到的让这个家庭保持稳定、减少争执的一种方式?
- 沟通很少和沟通很多,对他们的生活会有怎样不同的影响?
- 沟通很少和沟通很多,对宝宝的成长而言,会有怎样不同的影响?
- 在沟通很少的情况下,什么事情是可以沟通的?在沟通很多的情况下，什么事情不一定会沟通？

这些问话并不是以看待夫妻关系的主流标准设计的，而是贴合来访者的家庭生活，根据来访者的独特性设计的。虽然我们都希望在婚姻中多沟通，但在有些情况下，暂时的少沟通是否会比多沟通更合适？是否可以让生活平稳地进行下去？细致地陪伴来访者看看家庭里不同的沟通状态。

咨询师谈到了来访者的孩子进英语班的情况，看起来这对夫妻之间就这件事有所讨论，但也许也有争执。所以，他们虽然现在沟通很少，但是为了孩子的事情，他们仍然会沟通。我觉得夫妻二人也在困难的关系中做了很多努力。

- 你们近日用沟通很少的方式在一起，看起来这似乎是你们达成的共识。你们认为这样的交流方式比较适合目前这个家庭的情况，是吗？
- 在关系的困难中，夫妻二人是怎样关心孩子的？

关于维系婚姻的不容易，我可能还会问如下问题。

- 这两次被挨打的坎儿过不了，指的是什么？（她能有这样的觉察，会说得比较清晰。）
- 过不了这个坎儿，对婚姻关系的影响是什么？（因为是给来访者做个体咨询，所以可以陪来访者理解方方面面的经验、感想。）
- 如何在"过不了这个坎儿"的心情下，仍然待在婚姻里？
- 带着"过不了这个坎儿"的心情待在婚姻里，最辛苦的地方是什么？
- 来访者提到丈夫也感到煎熬，丈夫煎熬的地方可能是什么？
- 在煎熬中的丈夫最不容易的地方可能是什么？丈夫是否也不知道该怎么办？
- 来访者和丈夫对婚姻的渴望分别是什么？

- 在疫情中，夫妻很少沟通、"各做各吃"，这种方式可以如何维系夫妻关系？（虽然他们自己做饭自己吃，但还是可以见到对方。）

关系中的殴打

如何陪伴来访者去看关系中的殴打呢？我的思路是，先陪伴来访者看到她宝贵的地方，看到在这种情况下的各种不容易，比如作为妈妈的不容易，维系婚姻的不容易。以这些对话为基础，就可以去看关系中的殴打了。

被殴打是一种创伤，是心理的创伤、身体的创伤，也是关系的创伤。殴打会破坏夫妻关系中的安全感，也会破坏信任感。所以夫妻关系中出现殴打的情况时，需要设计一些对话，包括关于夫妻关系的对话。

当然，对话需要建立在对话结束之后不再出现殴打行为的基础上。我们要做的可能是先和妻子工作，而不是快速地和来访者的丈夫工作。在逐步看到和理解的前提下，才能考虑是否邀请丈夫，邀请丈夫是否合适等。一般情况下在这个时候，丈夫是不想求助的。

很多研究都发现，殴打是夫妻关系工作中不容易应对的一种情况。但是我认为，不论研究结果如何，作为咨询师的我们都要努力尝试，只要来访者愿意，我们就要和来访者一起努力。关于殴打的咨询涉及许多细节，所以要慢一点，一步一步地进行。

我在和来访者工作的时候，不会轻易把"暴力"或"家庭暴力"这样的专业术语放在我们的对话中。我认为需要先用来访者的语言贴近她，再慢慢地在适当的时候提起"暴力""家庭暴力"等，当然这个过程还是要贴近来访者。来访者的语言也是一种譬喻，怎样贴近来访者的脉络才是更重要的。

另外，在与来访者谈"殴打"的时候，也要评估来访者是否安全。如果不是很安全，可能要与来访者讨论她的安全合约。最常见的讨论内容包括：如果情况很不好、不安全，来访者可以去哪里？讨论这样的话题可能很不容易。

关照来访者的对话有很多，但我想先说说下面这些。

- 当关系中出现殴打的情况时，来访者内心的感受是什么？
- 对于丈夫的期待、婚姻的愿景、想建立的家庭，来访者的想法是什么？
- 第一次被殴打之后，是什么让来访者决定取消婚礼的？

那时，一定有重要的想法支撑着来访者做出取消婚礼的决定。但是，人们在遇到这些事情的时候，往往没有机会表达。我们应该在咨询中对来访者表示好奇，理解来访者的那些没有机会表达的东西。

在来访者的叙述中，由于父母的劝说，担心丢脸，再加上男朋友登门道歉并做出不再打她的保证，她才同意如期举行婚礼，这和她原本的决定是不一样的。

- 当下的她，是如何就她原本的决定和自己对话的？
- 当下的她，很不简单的地方是什么？
- 婚后她感觉自己总是过不了那道坎儿，如果聆听那个时候的来访者，让她去表达，放慢脚步去理解，那时的她有怎样的想法呢？
- 那道坎儿指的是什么？
- 那时的她，最想说的是什么？
- 那时的她，最需要的是什么？
- 那时的她，最需要被理解的是什么？
- 那时的她，最需要被支持、被关心的是什么？
- 那时的她，为什么而争吵？争吵背后最想表达的是什么？

疗愈的工作

在被殴打的关系中，有几个疗愈工作重点：①来访者对自己的关照；②来访者对丈夫的理解；③来访者对丈夫的协助。

来访者对自己的关照

该来访者可以把自己当作好朋友，写信给第一次被男朋友殴打的自己和婚后又一次被丈夫殴打的自己。通过写信，来访者也许会更多地听到那个被殴打的自己的心声，然后更多地关心她。来访者在信中可以写出怎样陪伴和关心自己，关心不同脉络下、不同时空的自己。信的内容取决于具体情况。

给被男友和丈夫殴打、让我心疼的自己的一封信

亲爱的：

　　从来没有想到已经论及婚嫁的男友会对你动手……

　　你和男友谈恋爱期间，觉得相处尚可，但当他对你动手的时候，其实你当时很清楚你们不能结婚。两个人的争执在所难免，但怎么可以动手打人呢？你心里很清楚，你不打算跟这个人过日子！

　　当时父母一直劝你，还是结吧！尤其父母的亲戚朋友都知道婚礼即将举行，也都打算来喝喜酒。你虽然内心有所抗拒，但看到父母那么为难，你也不希望让父母难过，毕竟父母只有你这么一个女儿。你告诉自己，不能以自己的想法为唯一标准，还是要考虑父母。所以，你心里虽然充满担心，但还是心软了。（在这封信中，来访者要像好朋友一般关心那个被殴打的自己，所以采用这种方式来写）。

　　当时，男友也登门道歉，并保证以后不会再犯。你觉得要给他一次机会，也愿意相信他。虽然你也很忐忑，但你还是带着一份忐忑的信任走进了婚姻。

　　后来你才发现，自己虽然答应结婚，但其实已经有了一个心结。对于丈夫，你没有办法完全相信，而且对他怀有愤怒。令你更没想到的是，在你们的儿子1.5岁时，一次争吵导致他再次对你动手。

　　出于现实的考虑（来自父母双方的压力、亲朋好友的劝说、养育儿子的不便）和丈夫再一次的道歉和保证，你依然选择了维持婚姻。我想说：

> 辛苦你了!
>
> 虽然有时你也会想:离婚是否可以解决这个问题?但是,这一次,你不想用离婚来面对这个问题。我看到了你的改变,你想试着用不同的方式来面对这个问题。于是,你想到可以找心理咨询师。我觉得你很勇敢!在那么困难的情况下,你还能鼓起勇气向外找资源。
>
> 虽然处理这件事情可能没那么简单,但我要感谢你跨出这一步。先和咨询师说明目前的状况,再讨论怎么办。谢谢你!虽然不容易,但我相信因为这次的改变、咨询师的陪同,对于目前的情况你会有更多理解,进而找到一些方法来解决问题。
>
> 好想抱抱你,这个家可能因为你的想法和行动而拥有一个不同的未来。我想宝宝会感谢你,丈夫未来可能也会感谢你。给你满满的祝福。
>
> 你的好友

写这封信是希望让来访者看到:处于痛苦中的她能够想办法,和咨询师讨论,做一些改变,尽管这一切并不容易。

以好朋友的口吻写信最主要的用意是,通过好朋友的视角来见证这个不容易的自己。这种见证会给痛苦中的人带来力量和信心,也能够支持来访者,使她不觉得孤单。

这是一种很奇妙的体验:自己成为自己的好朋友。当让来访者和自己对话的时候,她也许看不到太多,但当作为自己的好朋友来欣赏这个不简单的自己时,似乎就能够看到更多了。

不管是使用叙事疗法还是其他后现代疗法和不同的家庭工作,我总在想:有哪些东西是我们可以想办法陪来访者看见的?类似该案例这样的来访者,我们与其工作的方式有很多,写信也许只是其中一种方法。不管使用什么方法,陪来访者看到重要的资源、重要的力量才是最重要的。

来访者对丈夫的理解

我认为，该来访者有很多的观察和觉察，她的简单的一句话，也许可以打开新的空间。来访者指出，丈夫的心理问题比她还严重，那么我们可以看看：

- 丈夫的"心理问题"指的是什么？
- 丈夫的心理问题比她还严重，指的是什么？
- 来访者觉得丈夫的心理问题比她还严重，那么她的哪些问题是不严重的？
- 丈夫的心理问题带给他的影响是什么？

丈夫有心理问题不等同于丈夫在生活中只愿意保持这一种样子。看看关于丈夫的心理问题，他的经验及其带给他的影响是什么。有时候人们对自己的心理状态感到很无助，不知道该怎么办。这样的问话可以提供很好的陪伴。

但是在做这些工作之前我们要先陪伴来访者，陪伴她看看可以如何关照自己。

来访者很想摆脱煎熬，好起来。她有自己的想法，渴望做些事情。在一些案例里，让妻子理解丈夫也许不一定适合，但是在这个案例中，我认为可以尝试一下。

从理解丈夫的视角看看丈夫的心理。

- 丈夫是如何表达情绪的？这和丈夫的心理有什么关系？
- 来访者是如何理解丈夫的情绪的？
- 丈夫是如何理解自己的情绪的？
- 丈夫在什么时候情绪比较好？在什么时候无法控制情绪？
- 要解决丈夫的心理问题，可能需要什么帮助？
- 在什么样的争吵中丈夫会动手？
- 在什么样的争吵中丈夫不至于动手？
- 妻子是否曾发现，有些时候丈夫可能控制不了自己的情绪，但还是克制住了，不至于情绪爆发而动手？他是怎么做到的？

通过这一系列问话，我们可以先陪伴来访者理解她的丈夫，然后让来访者在咨询中更清楚地了解自己，感受到被支持、被关怀，通过对自己的了解，再慢慢地在生活中开始理解丈夫。

- 丈夫道了两次歉，两次保证不会再殴打她，他是怎么道歉的？他是怎么保证的？
- 是什么影响了丈夫履行承诺？
- 丈夫对自己的理解是什么？
- 对于影响丈夫的承诺的因素，来访者的理解是什么？

在这个案例中，来访者提到丈夫的大男子主义的问题，此处可能涉及多元文化中的性别议题。在现实生活里，有些男性受到文化和家庭教育的影响，他们构建的性别角色是"大男人"。虽然这会让很多女性不舒服，但我认为，在学习了解构和多元文化之后，可以尝试理解大男子主义指的是什么。也许这名丈夫自己也不明白他是怎么成为现在这个样子的。我们也需要对这名丈夫的大男子主义表示好奇。这并不是说我们要同意这样的思想或观点，但更多地表示好奇，就会获得更多的理解，这也许会带来不一样的动态。

- 丈夫的大男子主义是怎么形成的？这和他的原生家庭可能有什么关系？
- 丈夫的"自以为是"指的是什么？它对夫妻关系的影响是什么？对来访者的影响是什么？
- 和丈夫一起生活的时候，来访者是如何面对丈夫的大男子主义的？
- 来访者觉得哪些心得是有帮助的？哪些没有帮助？

对于很多女性来说，在经历和面对丈夫的大男子主义时，如何看到这个部分很重要。就该案例而言，探寻来访者的面对方式、来访者的力量，也是一个可以努力的方向。

- 在面对丈夫的大男子主义的生活里，来访者最不容易的地方是什么？
- 是什么让丈夫从孩子 1.5—2.5 岁这一年的时间里，没有殴打妻子，丈夫是否做了什么能够帮助自己的事？

可能有些人不同意这样的问话，但是我们可以试着看看婚姻关系中的例外情况，在不平静的婚姻生活中看到比较平静的时刻，这总是积极的。试着看看那时的丈夫，也许会发现一些不同的东西。

- 丈夫希望在这个家庭里做一个怎样的爸爸？
- 丈夫希望在这个家庭里做一个怎样的丈夫？
- 丈夫希望为这个家庭带来什么贡献？

通过这些问话，也许可以打开更多的对话空间。我希望陪伴来访者在这种情况下关照自己，看看可以怎样理解丈夫。我说的理解不是纵容，不是允许，而是通过理解，看看有哪些新的可能性。

来访者对丈夫的协助

来访者如何疗愈自己、保护自己

在疗愈自己这个方面，可以探索来访者如何在困难中照顾自己、爱自己。比如，是否有时可以请稳妥的人照顾宝宝，来访者抽出一点时间放松一下，做一些让自己愉快的事情？在疫情期间，也许照顾自己并不容易，但我们可以和来访者进行头脑风暴，想一些方法。

哪怕只是做一些照顾自己的小事，比如趁孩子睡着的时候，用手机听音乐、看小说，上网买一个自己喜欢的小东西，写关心自己的日记，或者学一些自己喜欢的东西，给自己"充电"等。有时可以和好朋友在网上聊聊天，不一定要聊婚姻生活。还可以和父母在网上聊聊天，尽管来访者这个贴心的女儿不想让父母知道她的矛盾，但可以聊一些她觉得能聊的事情。我认为，生活越困难，越要找机会珍爱自己，灌溉、滋养自己。

这里，我想补充一点，来访者不想让父母知道她的处境和矛盾，咨询师可以针对这个部分去工作，丰富她和父母之间的关系。

咨询师在此处特别宝贵。正如前文所述，来访者遇到的这些事情无处可说，但是在咨询中，咨询师的职业伦理要求咨询师带着尊重的态度聆听人们的痛苦。所以，和咨询师谈一谈无处可说的事情，也是爱自己的行动之一。

在保护自己这个方面，可以陪伴来访者看一看，在疫情期间，可以用什么方式保护自己的安全。目前这对夫妻很少沟通，"各做各吃"也许是保护来访者、保护宝宝，甚至保护双方的一种方式。

保护自己的行动还包括：发现情况可能恶化时，怎样立即离开现场，保证自己和宝宝的安全？恼怒地离开可能会激怒正在发脾气的丈夫。可以冷静地离开，到人不多的街上走走，等过段时间丈夫情绪缓和后再回家。（在疫情期间要戴好口罩。）如果出门不是一个现实的选择，可以到洗手间里待一会儿，等丈夫的情绪缓和后再出来；或者告诉正在生气的丈夫，自己需要去厨房洗菜，或冲奶给宝宝喝；有时候换一个位置，也会让丈夫的情绪有所缓和。

当然，在丈夫发脾气的时候，来访者可能惊呆了，或者来访者也很愤怒。所以离开现场或换个位置并非易事。

上述应对方式是很多女性在被殴打的关系中挣扎着想出来的，可以用于缓和可能导致的殴打的氛围。有时这些做法不一定有效，但有时会有一些帮助。

从来访者的描述中可以看出，这个案例似乎还有一些可以工作的空间。但是在一些情况比较复杂的案例里，咨询师可能要协助来访者探索搬出去住的方法。如果环境不安全，或许来访者需要偷偷地整理自己的行李，把需要带走的东西准备好，比如银行卡、身份证、钥匙等。在比较危险的情况下，就不再适合做关系工作了，因为关系工作是不安全的。在情况严重的时候，往往法律、警察和社工会介入。

所以当夫妻关系中存在殴打的时候，需要先评估其危险性，然后才能决定是否可以做关系工作。如果在没有评估的情况下，咨询师就鼓励妻子向丈夫表达一些在咨询中的看法，可能会导致其再次遭受丈夫的殴打。所以，咨询师在进行此类咨询工作时必须小心。

一名女性在关系中经受了如此遭遇，她的身体可能很紧绷。咨询师在陪伴来访者的过程中看到这一部分，会让来访者觉得她仍然值得被爱，仍然值得被关心。

来访者如何协助丈夫

我认为，该来访者是这个家庭的力量来源。从她的煎熬中，我们能看到她对家的渴望，她盼望一家人和谐的感觉，她希望与丈夫共鸣。她也看见了丈夫的煎熬，她想改变这种状况。她对这个家庭非常重要，她的行动可能会给整个家庭带来很多改变，从而给孩子创造一个不同的家庭环境。

我们陪伴来访者看见自己的"卡顿"、痛苦，以及对家的渴望之后，接着我们可以邀请她协助丈夫。虽然她的丈夫目前不愿意接受咨询，但是在接受来访者的协助后，他未来也许会愿意加入咨询。邀请来访者协助丈夫，前提是这种协助不会导致来访者遭受更多殴打。来访者的丈夫目前似乎处于比较冷静的状态，并且他也很煎熬，所以我认为她的丈夫心里有一些可以被关心的空间。

在这里，我想说的是：并非在所有妻子被殴打的情况下，我们都可以让妻子协助丈夫。让妻子协助丈夫需要具备一些条件，我认为在这个案例里可能有这样的空间。

殴打妻子的男人往往需要得到帮助。很多男人在殴打妻子之后会道歉，会承诺不再犯，但是隔一段时间可能会再次殴打妻子。这代表这些男人需要通过深度的关注才有可能改变。这些男人往往不想参加咨询，因为他们认为在咨询中要把自己的缺点暴露给外人，这让他们感到没有面子。妻子看到丈夫有心理问题，代表这个妻子有所观察，有所觉察。尤其当这名来访者看到丈夫很煎熬的时候，也看到了丈夫的不知所措。

我们从中可以看到妻子的力量，也是这个家庭的力量。因此，我们可以先陪伴来访者，看看她可以如何邀请丈夫来接受她的关怀和支持。比如，试着告诉丈夫，丈夫在这个家里非常重要，没有丈夫的参与，这个家是不完整的；虽然丈夫殴打过来访者两次，来访者特别痛苦，但来访者还是希望和丈夫共同把这个家经营好，希望丈夫和她一起努力，为彼此和宝宝创建一个美好的家。让丈夫理解丈夫这个角色的重要性，也让丈夫看到妻子是愿意关心他、支持他的。妻子把对家庭的愿景说出来，邀请丈夫和她一起为这个家努力。

可以陪伴来访者看到，作为妻子的自己需要如何与丈夫交流。也许可以对丈夫说如下话语。

- "宝宝只有一个爸爸，爸爸对宝宝特别重要。"（这会让丈夫看到自己作为爸爸的重要性，愿意为宝宝努力，做一个好爸爸，陪伴宝宝长大。）
- "宝宝是个男孩，未来有很多地方需要向爸爸学习，需要爸爸的陪伴。这些都是作为妈妈的我做不到的。"（这也是为了让爸爸看到他的重要性。）
- "儿童心理学的观点认为，孩子如果在长大的过程中看到爸爸动手打妈妈，会变得焦虑、害怕、没有自信，长大后可能会有心理问题。"
- "我知道，其实你很爱孩子，虽然你没有说出来。"
- "为了孩子的未来，我们需要努力营造一个平和的家庭环境，让孩子安心长大。"
- "你的努力和示范会影响孩子未来如何做丈夫、做爸爸。"

我曾经在波士顿住过，波士顿有一个特别的咨询中心，专门服务那些在充满殴打、暴力的环境里长大的孩子。我的一个在那里工作的朋友说，这些孩子过得特别辛苦，有特别多需要调整的部分。那么，我们要怎么做才能让更少的孩子在暴力环境中成长？这应是几代人的工作，不只是针对夫妻的工作。

很多人为了孩子是会希望做一些改变的，因此咨询师可以从很多角度陪伴妻子看到丈夫的希望、丈夫的资源。

- "我们俩结婚，代表我们有缘分。虽然在婚姻中发生过很不愉快的事情，但是我相信，当我们共同努力、共同成长、共同突破的时候，我们的家就会不一样。"
- "如果你愿意和我一起努力，我会更尊敬你，而不是瞧不起你。"（这些话会给来访者的丈夫一些力量。）

我们不仅要陪伴来访者培养作为女性的力量，也要陪伴来访者通过不同的视角邀请丈夫培养丈夫的力量。我们还可以陪伴来访者对丈夫说如下话语。

- "我们不是神，不可能完美。我们可以理解彼此的长处和短处，再看看我们可以如何一起生活。"
- "有人说：婚姻是一个共同成长的过程。如果夫妻双方在婚姻中还是按婚前的状态生活，可能会导致关系出现问题。但是如果两人互相理解，互相支持，为彼此做出调整，甚至找出适合彼此的相处方式，这对婚姻会很有帮助。希望我们可以为这个家的未来共同努力。"

我们陪伴来访者看看怎样和她的丈夫进行这样的交流，然后邀请来访者的丈夫加入咨询。当丈夫来到咨询室，咨询师可以问他如下问题。

- 当丈夫和妻子发生争执的时候，丈夫的内心发生了什么？
- 他是否会想起过往不愉快的经验？
- 丈夫平日还算心平气和，在双方争执时，是什么让他情绪爆发并且动手殴打妻子？

咨询师也可以陪伴妻子去理解丈夫。在理解的基础上，和丈夫共同制定"不动手合约"，这份合约包含来访者与丈夫共同的努力。"不动手合约"中的第一条就是：丈夫可以如何在情绪激动，想动手殴打妻子之前停下来。

咨询师可以陪伴来访者的丈夫看看，他可以如何控制自己。当然，如果这些对话难度太大，可能就要在未来适合做夫妻咨询的时候再进行。但是我认为，当我们用心陪伴来访者的时候，她可以和丈夫一同看看，可以怎样对话，当然需要在安全的条件之下。她可以陪伴丈夫看看如下方面。

- 在那个愤怒的时刻，丈夫需要妻子怎样的帮助？
- 什么帮助可以缓解丈夫的情绪？比如，妻子暂停对话，不再继续对话，妻子离开这个空间，或者妻子播放丈夫喜欢的音乐。

这些关于"不动手合约"的对话主要是为了陪伴丈夫理解那个瞬间倾泻而出的情绪，然后通过对话，将其转化为话语，而不是停留在无名的冲动中，进而变成殴打。无名的情绪需要被理解，如果有这样的对话，就可以支持来访者去看看，丈夫可以怎样理解自己那时的情况。

在这份"不动手合约"里，还可以打开诸如以下这样的对话空间。

- 宝宝虽然还不会说很多话（2.5岁的孩子可能会说一些），但看到爸爸和妈妈意见不合，爸爸情绪爆发，接下来可能要打妈妈的时候，宝宝可能会告诉爸爸什么？
- 宝宝可能会如何关心、安慰爸爸？
- 宝宝的支持对爸爸的情绪会起到怎样的作用？

还可以从其他角度谈这份"不动手合约"。

- 妻子可以怎样关心作为个体的丈夫？
- 妻子在咨询中得到支持后，可以怎样支持、关心丈夫？

然后，站在关心丈夫的视角，也许可以看看如下方面。

- 丈夫在哪些方面最想得到妻子的理解？
- 丈夫希望如何被尊重？
- 丈夫希望当他的情绪爆发时，妻子可以怎样关心他？
- 丈夫需要妻子怎样的帮助？妻子怎样的帮助能促进丈夫心性的

发展？

也可以试着在多元文化的背景下，陪伴妻子探寻如下方面。
- 丈夫的成长背景对他的影响？
- 丈夫如何看待自己的男性角色？

对于一些殴打妻子的男性而言，在他们小的时候可能目睹了自己的爸爸殴打妈妈的场景，他们会将儿时学到的行为带入未来的婚姻关系中。我们可以怎样去解构呢？试着看看如下方面。
- 妻子怎样引领丈夫？丈夫怎样关心妻子？
- 告诉丈夫，丈夫的关心对妻子的重要性是什么？
- 告诉丈夫，过去谈恋爱时妻子看到了丈夫哪些珍贵的地方？
- 这些珍贵的地方对妻子的意义和价值是什么？
- 请丈夫问妻子，妻子希望如何被尊重？
- 请丈夫问妻子，妻子希望哪些方面得到理解？
- 妻子分享自己的成长背景、家庭的影响以及和家人的关系。
- 妻子分享自己怎样看待作为女性的角色？
- 共同讨论：当两个人意见不合的时候，可以怎么办？

随着对彼此理解的深入，夫妻二人意见不合的情况可能会缓解。这个小家庭还处于起步阶段，还在磨合期。专家说过，夫妻磨合最少需要七年，所以，他们的夫妻关系还处在"婴儿阶段"，可以探讨差异的丰富性而不是对抗性。

另外，夫妻可以共同讨论以下话题。
- 在什么情况下他们才可以同桌吃饭？（**打开如何同桌吃饭的对话空间。**）
- 什么因素会让同桌吃饭变得不可行？

- 什么因素会让同桌吃饭变得可行？
- 夫妻共同尝试，比如一个星期同桌吃饭一次，事后讨论进行得如何，哪些方面很好，哪些方面需要改进。
- 宝宝在慢慢地长大，长大一点的宝宝也可以给夫妻意见和建议。
- 感谢对方为同桌吃饭付出的努力。

很多孩子都觉得和父母一起吃饭、聊天、互相表达关心，是一件幸福的事情。为了孩子夫妻也许可以共同努力。

对于与对方父母关系不融洽这一点，夫妻二人不要指责对方，可以讨论如下话题。

- 关系的不融洽指的是什么？
- 可以怎样支持对方和自己的父母相处？

在这个过程中，无须要求完美，一步一步慢慢来。

结语

该案例中的来访者在婚姻早期敏锐地觉察到殴打是个过不去的坎儿，这表明她是一位特别聪慧的女性。她的"煎熬""撑不下去"，也在呼唤她必须对殴打做一些改变，动摇这个家庭，甚至影响下一代。相信在她的"卡顿"中，她会找到突破的方式。祝福她，祝福她的丈夫，也祝福她的宝宝。

咨询师的回应

非常感谢熙玥老师，还想请教老师两个问题。

1. 来访者和咨询师同属一个单位，但是她们并不认识。在咨询的过程中，咨询师发现来访者的丈夫是她认识的人，这似乎让咨询师感受到了一些干扰。这样的咨访关系是否合适？

2.咨询中的阻抗如何处理？比如，来访者有时会说，这个问题我说不清楚，我说不上来，等等。在这种时候，咨询师会有一种无力感。

熙玥老师再回应

这两个问题都非常好！我先回应第一个问题。虽然咨询师和来访者不认识，但你们在同一个单位而且你认识她的丈夫，所以把该来访者转介给其他咨询师会更好。你可以和她说，特别感谢她愿意和你谈，但是因为你和她同属一个组织，你又认识她的丈夫，这样的关系不太恰当。你可以看看有没有其他合适的婚姻咨询师，把她转介给其他咨询师。

第二个问题也是多数咨询师普遍会遇到的一个问题。在咨询的过程中，来访者说"说不清楚""说不上来"是很自然的。在叙事疗法和其他后现代疗法里，不会把这种表达当成阻抗。我们可以说"'说不清楚'是什么意思"，或者停一停，看看他是想要想一想、慢慢说，还是想谈另外一个主题，这都是可以的。

在咨询中，来访者说"说不清楚"，我认为既是在表达说话的一种情况，也是在反馈。我们先尊重这样的反馈，再看看来访者指的是什么，还是想谈其他话题。我的经验是，缓一缓，让来访者慢慢说，在梳理的过程中，思路会越来越清晰。

理 论 梳 理

第一，有宝宝的家庭的生命周期的梳理和强化。家庭在不同的生命周期，都有重要的东西需要去完成、去理解。

第二，**"暴力"的婚姻关系工作**。把对话和故事代入去陪伴家庭，找回他们的希望，这一点是很重要的。

第三，**找回女性的力量**。通过各种各样的方法，看到女性作为妻子和母亲的力量。

练　习

婚姻是夫妻互相理解、共同演化的过程，在夫妻关系中会出现各种各样的情绪。

我邀请你，如果可以，和自己的伴侣/爱人一起做这个练习。当然，如果伴侣/爱人不做也没关系。

如果你没有结婚，可以看看在与重要他人的关系中有哪些情绪？情绪不是独立的，在婚姻中，你往往会与自己的伴侣一起经历这些情绪。

关系中的情绪

注：尽量伴侣/夫妻一起做；未婚者可以探寻与重要他人的关系中的情绪。

在你们的夫妻关系中，一般来说美好的情绪是怎么出现的？你们如何知道对方有美好的情绪？如何让对方知道你们有美好的情绪？

夫妻关系中的美好情绪，可以如何灌溉？夫妻关系中的美好情绪，会如何滋养你们的关系？

在你们的夫妻关系中，难受的情绪是怎么出现的？你们如何知道对方有难受的情绪？如何让对方知道你们有难受的情绪？

对于夫妻关系中的难受情绪，你们各自最需要对方做的事情是什么？你们如何让对方知道在难受的情绪中需要对方的什么支持？对方做什么能让你们觉得自己为对方提供了支持？

作为夫妻的你们，如何与关系中各种各样的情绪待在一起，才会让你们觉得在这段夫妻关系中是自在、舒服和安全的？

结语

这个练习能让伴侣/夫妻探索如何与关系中的情绪待在一起，这可能会引发不同的计划和行动。

案例一督导思维导图

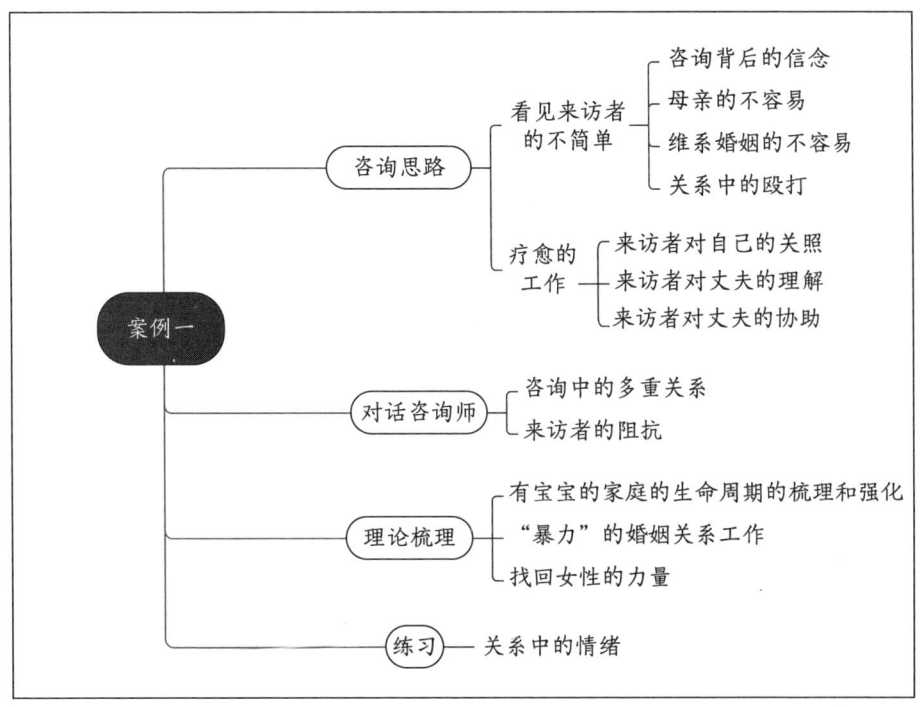

思维导图绘制：于晓阳

案例二　需要母亲"祝福"的亲密关系

　　人们的痛苦的背后往往隐含着对生活的期待和盼望，咨询师可以努力的地方就是：怎样在聆听来访者描述痛苦的同时，探寻和发掘来访者痛苦背后的生命愿景与蓝图。当然，首先要允许来访者能在被尊重、安全的环境中，述说困扰他很长时间的痛苦，再一步步地陪伴来访者看看痛苦背后的生命愿景与蓝图。一般而言，来访者对痛苦比较熟悉，对生命愿景与蓝图比较陌生，甚至觉得遥不可及。因此咨询师在陪伴来访者的过程中，需要放慢脚步，仔细一些，让来访者渐渐发现痛苦背后的生命愿景。特别是帮助来访者发现生活中那些隐而不现的故事，并且将这些陌生的故事逐渐转变成熟悉的故事，进而从这些熟悉且重构后的故事中带出一股改变的力量。

　　人们往往会在美好的故事中重新建构期盼中的自己和关系，因此在这个案例中，我首先思考的是如何陪伴来访者丰富此阶段他最在乎、最重视的生命愿景与蓝图。根据来访者的分享，我看到有六个生命愿景是来访者极其重视的。生命蓝图是根据生命愿景设计的计划，就像建筑师在建造房屋之前，需要根据需求与想象把房子的蓝图设计出来，再根据蓝图建造房屋。人们在抽象的生命愿景中通过生命蓝图践行生命故事就像建造房屋，人们带着清晰的意图，利用根据生命愿景设计出的生命蓝图逐步落地实施，就能达成改变。

　　该案例中的来访者在6岁前的安全依恋关系主要来自祖父母，虽然时间不长，但这是来访者童年最重要的关系资源，因此丰富这段有意义的关系，最可能唤起来访者童年被珍惜、被爱的经验，进而支持现在成年的自己。另外，加强来访者在各个方面的疗愈工作，尤其是通过写信来含蓄地表达来访者在情感上的需要，请父母鼓励、支持他，促进更贴近来访者内心需要的安顿感，进而对来访者未来的亲密关系带来帮助。

 **个案报告**

一般资料

来访者为 30 岁男性，独生子，未婚。

来访原因

来访者认为自己一直无法投入地做一件事情，尤其是无法投入地爱一个人，这种状况已经持续三四年的时间。来访者非常渴望能够正式进入一段恋爱关系，但他认为自己在恋爱方面从来没有成功过。

来访者的心理困惑

来访者自述 3—6 岁由爷爷奶奶抚养，6 岁之后回到父母身边生活。爷爷奶奶对他比较包容，非常喜爱他，他和爷爷和奶奶很亲近。他回忆起和爷爷奶奶生活的整个过程时，感到很温暖。来访者认为父亲一直对他苛刻又挑剔，他和父母的关系比较疏远。关于同辈社会支持，来访者认为非常少。在他的描述中，父亲就像他的哥们儿，不用多联系。

来访者在找女友的过程中发现自己无法和女孩建立比较亲密的关系。根据来访者的描述，刚开始和女孩聊天时还好，当到了他认为可以继续发展的时候，他心里就会浮现出母亲的指责，甚至觉得眼前的这个女孩就是母亲，并且会跳出来对他说："你真差，你配不上她，你不配结婚。"于是，他会用各种办法主动放弃这段关系，哪怕对方真的对他感兴趣，然后再找其他人重新开始，反反复复。所以，这四五年来他都没有建立正式的恋爱关系，他一直处于和女孩建立感情的初期阶段，只愿意在旁观望而不愿意进入关系。

来访者对儿时的成长经历、现在的状况以及问题的描述都非常清晰。在访谈过程中，其自我攻击与自我剖析比较多，经常会用一些专业术语，如"全能自恋"等。来访者在这样的自述中，深陷强烈的矛盾与自责之中不能自拔，非常痛苦和自卑，深感无力。

咨询过程描述

第一次咨询

来访者自述因为不能投入地爱一个人而感到困惑，希望能够通过心理咨询解决这个问题。

咨询师请来访者描述了他的成长经历，来访者讲述自己与爷爷奶奶一起生活时的幸福感受，以及回到父母身边之后的一些痛苦，且认为一直到现在都很痛苦。在本次咨询中，咨询师运用了认知行为治疗的技术，分析了来访者痛苦背后的信念。

第二次咨询

来访者反馈第一次咨询之后感觉舒服多了，但是没过两天，又感到很自卑，"自己不够好"这个信念又回来了。"认为自己很差"的信念让来访者觉得自己快死了，无法做好一件事。

在接下来的咨询中，来访者将"认为自己不够好"，与母亲对他的压力以及母亲的行为给他造成的内心冲突联系了起来。

第三次咨询

来访者带来了自己写的回忆录。回忆录的主要议题是他与母亲之间的矛盾关系和自我攻击。来访者一直在探索小时候母亲是怎么对他不好的。他认为，现在的生活不好，与母亲当年对他的极度贬低有很大关系，母亲要为他现在的生活负责。来访者认为自己目前无法对自己的生活负责，他说只要自己做出一个决定，就会觉得被极度贬低。

咨询师询问什么是"违背母亲"，来访者说在自己从小到大的成长经历中，母亲都认为要遵循她的意愿。他只要做一个让自己变好的决定，就是违背母亲的意愿。来访者认为母亲对他而言是一个诅咒，好像一旦做了违背这个诅咒的事情，就会让母亲很难过，就会失去和母亲的联结。所以，他没办法对抗母亲，独立生活。他感觉自己就像被困在笼子里，没有胆量出去，也没有胆量探索外面的世界。

咨询的重要时刻

在写回忆录的过程中，来访者表达了对母亲的一些"控诉"，这些"控诉"让来访者内心有了一些舒服的感觉，但是关于"和母亲的关系"与"现在建立亲密关系"的关联，来访者依然感到困惑。所以，第四次咨询的目标是：解决和母亲之间的关系。

咨询师的困惑

咨询逐字稿摘要

来访者："我感觉让自己成为自己的想法真的很无力。我现在能从过去的情绪中抽离出来，但是如果让我行动，我更希望父母能够给我积极的反馈和影响。但是我没有办法相信，我知道他们不会给我的。"

咨询师："你是说你希望很快达到目的，让妈妈变成你希望的样子？"

来访者："是的，但希望渺茫。你的存在让我有一点力气，很小的力气。"

咨询师："你说你有一点力气，这一点力气让你想到了什么呢？"

来访者："让我想到了方向，说明我坚持活着是对的。"

咨询师："当你说你坚持活着是对的时候，你是怎么想的呢？"

来访者："我希望能够改变自己的命运。"

咨询师："嗯，你希望改变命运，你希望把自己的命运改变成什么样子？"

来访者："我希望有一个自己的家，我希望成为好丈夫、好爸爸。"

咨询师："在你心里，你认为一个好丈夫会做些什么？"

咨询师遇到的挑战

讨论进行到这里的时候，来访者表现出了一些不耐烦。来访者说："扯这个太远了，我也不知道，我没有画面，我不知道未来会怎样，我不想谈这个了，你就和我说说，我怎么改变和妈妈之间的关系吧。"

咨询卡在了这里，没有继续进行下去。

本次督导的问题

1. 咨询师用了叙事疗法，让来访者展望未来的场景，此处让来访卡住的原因是什么？

2. 在这个案例中，咨询师还运用了认知疗法，效果都不是很明显。虽然来访者表示在每次咨询之后痛苦程度会适当减轻，但是没过几天又会陷入冲突和矛盾之中。面对来访者的这些反应，咨询师要怎样应对？

3. 在咨询的过程中是不是遗漏了什么关键问题？

4. 咨询无法深入的原因可能是什么？

5. 假如来访者说："哦，我不知道了，我不想谈了，你不用跟我说这个，我对未来没有任何预想，我想不到未来是什么样子的，我从来都不知道，未来我不敢去想。"咨询师应该怎样回应？

熙玥老师的回应

咨询背后的心意与咨询带给我们的生活反思

我希望咨询师在咨询过程中，不仅可以陪伴来访者，也可以反思自己的生活。对咨询师来说，咨询不只是一份工作而已，还会带来很多生活上的启迪。

我在美国做督导教学的时候，生活和咨询是分开的。那时我在讲咨询案例的时候，基本上只讲个案相关的内容。然而，在我们现在的脉络里，不仅可以讲咨询，也可以看看自己，咨询师的成长对于自己、对于咨询都是有影响力的。咨询师愿意探寻自己生活中的关系，也是一件很有价值的事情。

特别感谢咨询师分享的这个案例，我先说说我对案例的一些感想。

案例中的来访者因为自身的痛苦，体验到无力、不能自拔，因此前来咨询。我感到这个来访者特别想帮助自己、面对自己，特别想看看自己可以做些什么。愿意去面对自己的痛苦表明来访者拥有勇气——再痛苦也要看看自己发生了什么。来访者的另一个宝贵之处在于，他在向自己的生命愿景发声：他希望有自己的家，希望自己成为好丈夫、好爸爸。同时，他似乎也在为他的生涯做愿景式的规划，尽管这个过程还需要更多努力。来访者现年30岁，这样年轻的他，有这样的生涯规划抱有这样的生涯期待，让人很敬佩。他正在开启探索自己生命的旅程，这特别重要，也很有意义。

我多年来在各地陪伴不同的人，我越发觉得，说出自己的痛苦就是改变的开始。说出痛苦是拥有力量、勇气和坚毅的表现。所以，作为咨询师，陪伴来访者诉说痛苦是一件特别有意义的事情，可以促进来访者改变。感谢这个来访者愿意和咨询师分享他的痛苦，允许咨询师陪伴他好好梳理自己的痛苦。

咨询师目前对来访者的四次陪伴，以及未来的陪伴，是一个陪伴来访者逐步看见的过程——帮助来访者循序渐进地看见亲密关系，尤其是与母亲的关系。

我很想知道咨询师在咨询的过程中，除了运用不同的疗法，如认知疗法、叙事疗法等，还做了什么？比如：

- 咨询师打开了一个怎样的咨询对话空间，让来访者可以好好地诉说和梳理他的痛苦？
- 咨询师是以什么状态去陪伴来访者的？

- 咨询师陪伴来访者的过程，和当初做咨询师的动机，以及自己想要成为什么样的咨询师，有怎样的联系？

咨询师可以在陪伴每个个案的生命故事的时候，带着这样的好奇心，去思考咨询背后的心意。

丰富宝贵的生命故事

我在丰富来访者宝贵的故事时，首先会看来访者对生命的愿景与蓝图。

生命愿景一：想要一个自己的家
- 来访者想要有自己的家，他对"自己的家"是有盼望的，这个家是什么样的？
- 来访者怎么知道自己想要有这样的家？
- 有一个这样的家，和来访者内心最在乎的东西，有怎样的联系？
- 有这样的家，能给来访者的生活带来什么？
- 在这个家里，来访者坚持的是什么？

对于这个案例，有哪些地方是可以珍惜的？也就是我们常常说的"支线故事"，或一些闪光点，抑或一些特殊意义事件。

生命愿景二：希望自己是一个好丈夫
如果有机会，可以用如下问话对来访者表示好奇。
- 对来访者来说，什么是好丈夫？
- 作为一个好丈夫，对来访者的重要性是什么？
- 作为一个好丈夫，对整个家的重要性是什么？
- 这个好丈夫，会焕发怎样的气息，并且传递给他的妻子和家人？

- 好丈夫最宝贵的地方是什么？

生命愿景三：希望自己是一个好爸爸

这个愿景也特别宝贵。很多人在自己的原生家庭里经历了一些痛苦，因此更坚定了他们组建自己家庭的信念和力量。在我工作过的案例中，有很多来访者都是这样。所以，对于来访者这样的渴望，咨询师可以去了解他想做一个好爸爸的生命愿景与蓝图。

- 是什么让来访者觉得自己可以成为一个好爸爸？
- 作为一个好爸爸，来访者想带给孩子什么？
- 在好爸爸的抚养下，来访者希望孩子成为什么样的孩子？
- 来访者希望孩子未来成为什么样的大人？

来访者提到了对母亲的愤怒，还有母亲对他的贬低、"诅咒"。这些经历对孩子来说，是特别痛苦的，但是对于这名来访者来说，这可能会带给他一种力量。他在原生家庭里的这些经验，能帮助他更好地反思：自己未来要做一个什么样的爸爸，让他的孩子不要有和他一样的经历。

我和很多类似的来访者工作过，他们最后都无一例外地告诉我，他们童年遭受的痛苦如何鼓舞着他们成为不一样的父母。所以，很多人儿时的创伤，到他们长大的时候，反而会成为一种刻骨铭心的力量，帮助他们更好地组建自己的家庭，成长为他们想成为的样子。

当然，对于来访者希望"自己是个好爸爸"的生命愿景与蓝图，还可以问如下问题。

- 对来访者来说，好爸爸指的是什么？
- 来访者如何协助自己成为好爸爸？作为一个好爸爸，可能需要打开思维空间——我可以怎么做？我可以怎么表达？我可以怎么想？
- 来访者希望孩子长大以后，对爸爸的记忆是什么样的？作为爸爸，一路陪着孩子成长，会给孩子创造很多的回忆。这些回忆对孩子来说可能很宝贵，甚至会影响孩子的未来。
- 来访者6岁以后和父母一起住，但是和父母的关系是疏远的。当童年的自己看到长大后30岁的自己，愿意为成为好爸爸而努力时，童年的自己最被长大后的自己感动的地方是什么？
- 童年的自己看到长大后的自己，虽然成长过程很艰辛，但内心很坚定，而且总是希望把自己童年没有得到的东西给未来的孩子。那么，童年的自己会如何感谢长大后的自己——这个30岁的大哥哥呢？

我感觉，该来访者过得特别艰辛，尤其是在和母亲的关系中。但是此时，来访者有机会向咨询师表达自己内心真实的体验和感受，咨询师可以陪伴他的痛苦，看到他宝贵、难得的地方。对来访者来说，这可能是黑暗中的一点光芒，然后他可以带着这点光芒，继续探索的旅程。

来访者想要有自己的家，希望自己是个好丈夫、好爸爸，这都是他特别宝贵的地方。这些生命愿景与蓝图是来访者内心很在乎、很重视的东西。

生命愿景四：让自己成为自己

来访者的"让自己成为自己"的愿景，让我特别触动。如果有机会，咨询师或许可以与来访者进行如下对话。

- 想成为自己的自己，是什么样的？（*咨询师也提到这个来访者的表达很清晰，可以邀请他谈一谈。*）
- 这个自己什么时候会出现？是什么让这个自己愿意出现？
- 当这个自己出现的时候，给来访者带来的是什么？
- 这个自己在什么情况下，或者和什么样的人在一起的时候，不会出现？
- 是什么让这个自己选择不出现？
- 当这个自己选择不出现的时候，对来访者的帮助可能是什么？（*人们怎么呈现自己可能有其背后的意图。*）

- 这个自己选择不出现的时候，对来访者的挑战可能是什么？
- 发生什么事情才会给自己支持？

生命愿景五：投入地爱一个人

这是来访者面临的一个困难，也是他的一个愿景和愿望，可以陪伴来访者看看如下方面。

- 投入地爱一个人，指的是什么？
- 什么可以支持来访者投入地爱一个人？
- 当来访者在投入地爱一个人的过程中遇到困难时，需要发生什么事情，才会继续让他投入地爱这个人？

生命愿景六：好好坚持活着

案例中提到来访者觉得"自己很差""快死了"，所以咨询师要从两个方面来理解"坚持活着"：一方面，理解这件事对他的重要性；另一方面，咨询师尝试看看安全计划。因为我感觉这个来访者特别煎熬、特别痛苦。

当来访者提及一些相关信息，咨询师要及时关注，并陪着他。当他说"坚持活着"的时候，咨询师不妨陪伴他看看如下方面。

- 这个愿景对来访者的重要性是什么？
- 他是如何看待和保护自己的生命的？（如果不涉及安全的议题，就可以暂时不谈。）

寻找生命力量的源泉

对于来访者宝贵的生命故事，值得丰富的方面还包括在来访者3—6岁时爷爷奶奶对他的包容和喜爱。这种包容和喜爱指的是什么？这是来访者小时候最初的记忆，这个记忆也可能是他的力量的一个很重要的源泉。来访者和爷爷奶奶的关系，让来访者产生了依恋感、安全感。咨询师可以找机会看看如下方面。

- 来访者对爷爷奶奶的哪些记忆印象深刻？
- 6岁之前，来访者是一个怎样的小男孩？
- 那个6岁以前的小男孩拥有爷爷奶奶的包容和喜爱，这给来访者的童年生活带来的最重要的东西是什么？
- 来访者和爷爷奶奶更亲近，这种"亲近"指的是什么？
- 来访者和爷爷奶奶的"亲近"，带给他的是什么？

来访者现在可能和父母不亲近，在亲密关系中也感觉很难进行下去。带着好奇心去看这个来访者的生命故事：从他小时候到现在，和爷爷奶奶的"亲近"对他而言，好像是生命中的一个有特殊意义的事件。所以，他不是一个完全没有亲密经验的人。这样的亲密经验，值得咨询师邀请来访者与它进行联结。

当然，也可以看看：来访者的爷爷奶奶还在不在世。如果还在世，有没有机会看到爷爷奶奶？每次见到爷爷奶奶，可以给来访者带来什么？

如果爷爷奶奶已经过世了，可以试着用"再说你好（say hello again）"的方式与来访者进行对话。"再说你好"对话的思路包括：探寻来访者和爷爷奶奶过去的关系与生活，探讨有哪些细节。比如，可以探寻如下方面。

- 在爷爷奶奶心里，来访者是一个怎样的小男孩？
- 关注爷爷奶奶对来访者的包容和喜爱的细节。比如：爷爷奶奶喜爱来访者的哪些方面？他们包容来访者的哪些方面？他们为什么包容来访者？
- 在爷爷奶奶抚养来访者的这三年时间里，来访者带给爷爷奶奶的是什么？（来访者如果发现他对爷爷奶奶有一些贡献，会是一个很宝贵的经验。）
- 当爷爷奶奶看到长大的来访者面临亲密关系的挑战，爷爷奶奶可能会对他说些什么？会如何关怀、支持他？
- 爷爷奶奶看到长大的来访者和父母的关系比较疏远，可能会告诉他什么？会怎样关心他？
- 如果爷爷奶奶还在世，他们会如何祝福现在的来访者？

我们都很希望来访者与父母建立安全的依恋关系，但有时候这是比较困难的。虽然困难，但总有希望存在。在这个案例中，来访者和爷爷奶奶的关系很亲密，这就很宝贵。所以，我认为在合适的时候，进行有关爷爷奶奶的"再说你好"的对话非常有意义、有价值。

哪怕咨询师感受到来访者处在越来越痛苦的情况下，也可以找机会看到一点不一样的东西，这些不同之处可能就是咨询师能够去工作的地方。

疗愈的工作

除了丰富来访者的宝贵故事，我们还可以做一些以来访者为中心的疗愈工作。

陪伴来访者

咨询师对来访者的陪伴特别宝贵，咨询师能在很多方面陪伴来访者。
- 来访者希望建立亲密关系，亲密关系对他来说指的是什么？
- 亲密关系对来访者的重要性是什么？
- 亲密关系会为来访者带来哪些单身时体会不到的东西？

探索来访者和母亲的关系

关于这一方面，可以就很多内容开展对话。

第一，打开来访者体验到的和母亲的对话空间。关于与母亲的关系的体验，来访者可能有很多想要表达的、需要被聆听和理解的东西。
- 母亲给来访者的压力指的是什么？
- 母亲的行为给来访者的内心造成了什么样的冲突？

- 试着请来访者谈谈，在他经受压力的时候，母亲做了什么？
- 来访者和母亲的关系给他的内心带来了什么样的冲突？

第二，探寻母亲当年对来访者的态度及情绪。来访者对母亲有愤怒情绪，他认为母亲贬低他。他觉得自己可以把某件事做得很好，然而母亲觉得他无法做好，他认为这是母亲对他的"诅咒"。

那么，作为咨询师，需要陪伴他探讨如下方面。

- 母亲对来访者持什么样的态度？对来访者的影响是什么？
- 母亲对来访者有什么样的情绪？对来访者的影响是什么？
- 在来访者的成长过程中，他认为父母该怎么对待孩子？什么对孩子比较重要？

作为咨询师，并不是要批评来访者的父母，而是贴近来访者的脉络，看到来访者所体验到的对孩子来说不恰当的事情。叙事，就是让来访者用一种拥有生命主权的方式去表达，表达他觉得父母该如何对待自己的孩子，什么对孩子来说比较重要。

来访者感受到母亲对他的贬低，对母亲有愤怒情绪，这可能也是他的力量来源。所以，我们可以邀请来访者发出"孩子该怎样被对待"的声音，这样的表达是重要的、被尊重的、有力量的。

来访者提到，在和母亲的关系里，当他想为自己做决定的时候，会觉得这是对母亲的背叛。当一个孩子对母亲有背叛的感觉的时候，我们该如何陪伴呢？我们可以征求来访者的同意，进行一种不一样的对话——外化拟人化的对话。可以让来访者谈谈，他怎么替"背叛"这个想法发声，用具体化的方式，让他听到或看到"背叛"的感想，让"背叛"有机会可以好好说说话，好好表达。

咨询师可以思考：在咨询过程中，如何让来访者面对不太容易说的东西，如何慢慢地表达？

打开"背叛"的对话空间

在来访者同意的情况下,咨询师可以邀请来访者选一个象征物来代表"背叛"。这个象征物可以是咨询现场的一把椅子、一个靠枕等。

如果来访者愿意用椅子来代表"背叛",咨询师就可以访问这把椅子,由来访者替这把椅子说话。对着椅子(椅子代表"背叛"),请来访者和"背叛"对话,咨询师可以这样问:"'背叛'你好,辛苦你了!今天是我第一次和你谈话。特别感谢你,感谢你愿意和我说话。你以前有没有说过话呢?今天说话的感觉是什么?你自在地说就好。我会问你一些问题,如果不方便回答也没关系,只要让我知道,我会继续问下一个问题。"

按照这种外化拟人化问话的思路,咨询师逐步邀请来访者替"背叛"发言。咨询师也可以问如下问题。

- "背叛",你可不可以先介绍一下自己?
- "背叛",你是如何来到你的主人的生活中的?
- 当"背叛"出现的时候,"背叛"最想告诉主人的是什么?
- 我不确定我的想法对不对,但是我觉得"背叛"的出现好像是在提醒主人,要把母亲保护好,不要伤害母亲,是这样吗?
- 如果是这样,"背叛"怎么会想保护主人的母亲?
- 保护母亲对"背叛"的重要性是什么?
- "背叛"的出现好像代表了一份善意,你希望主人怎么看待你,才能够支持你?
- 你希望主人如何跟你相处?如何相处对你是重要的?
- 你希望主人可以从你身上学到什么?

与"背叛"的访谈告一段落的时候,咨询师可以把注意力放到来访者身上,问问来访者听到"背叛"背后的想法时他有怎样的感想。

- 来访者的感想是什么?
- 未来当"背叛"出现的时候,来访者会如何与"背叛"的感觉待在一起？

如果有机会，可以用这种不一样的方式，让"背叛"有机会好好地表达。在咨询过程中，咨询师可以试试这种对话方式，如果觉得不合适，也可以不用。还有很多其他方式，都可以去思考、去尝试。当来访者通过外化拟人化的对话，对"背叛"背后的心意有更多理解的时候，来访者和"背叛"的关系可能就会有一些改变。来访者不再被"背叛"牵绊，而是从"背叛"中，找到儿子保护母亲的心意，进而更深刻地了解自己。

关于被"诅咒"的感觉

孩子在原生家庭中感到被"诅咒"，这是一种非常痛苦的体验。咨询师可以探寻如下方面。

- 来访者在被"诅咒"的过程中成长，特别不容易的地方是什么？
- 在被"诅咒"的经历中，来访者怎么做可以帮助自己？

来访者似乎在努力改变"诅咒"对他的影响。在他看来，可以怎么创造他想要的生活，而不只是被"诅咒"所影响？所以，我认为可以通过"诅咒"贴近来访者，陪他看看在"诅咒"中过得很辛苦和不容易的自己，以及在"诅咒"中他是如何帮助自己的。另外，可以用"再说你好"的方式，看看爷爷奶奶可以怎么支持他面对"诅咒"。利用爷爷奶奶的温暖、喜爱和包容，来陪伴来访者面对困难。

"对抗母亲"和"独立"的对话

对于30岁的来访者而言，想要独立是非常自然的发展过程。然而由于他和母亲的关系，独立对于目前的他来说还很困难，所以"对抗母亲"和"独立"可能是来访者心中的一个冲突。我们可以看看，是否能打开一些不一样的对话空间。

来访者的这种冲突的声音，也许恰有其意义和价值。如何让这种看似两极化，同时也是多元的声音，好好地被听见？聆听多元的声音，不打压任何声音，并允许多元想法的流动，是咨询师打开来访者的内心对话的前提。

很多人在成长过程里，都经历过和父母的对抗。这让我们可以贴近来访者的脉络去接受来访者，使其有机会表达和发声。

征求来访者的同意，请来访者选两个象征物，分别代表"对抗母亲"和"独立"。因为来访者是男性，且30岁了，用玩偶不一定适合。所以可以挑选不同的对象，比如台灯、沙发、靠背、杯子、椅子、地毯、手套、围巾、背包、帽子等。我们可以请来访者替这两个象征物发声，让来访者使用象征物进行外化拟人化的表达。

要注意，对于这种技术，咨询师平时需要多练习，以便让这种谈话变得自然。如果咨询师对这种对话方式不熟练，有时候来访者可能会转为使用原来习惯的、困难的内化表达方式。

该谈话的目的主要是让"对抗母亲"和"独立"这两个想法可以被诉说、被聆听，而不是对这两者进行比较。让两个想法相互聆听，当一个想法说完之后，另一个想法像听众一样回应。比如：

- "对抗母亲"的想法说完之后，"独立"像听众一样回应，说出"独立"对"对抗母亲"的理解和感想；
- 当"独立"的想法说完之后，"对抗母亲"也可以像听众一样回应，说出"对抗母亲"对"独立"的理解和感想。

"对抗母亲"和"独立"第一次可以如此认真地聆听彼此，两个想法一定会彼此触动，产生启发。有时，"对抗母亲"和"独立"甚至会从对立的敌人变成互相帮忙的朋友，激发出新的存在方式的灵感，进而支持主人的矛盾。"对抗母亲"和"独立"的对话过程可以怎么设计呢？当然不止一种方式。

这里，我分享一些我的思路：选择两个物品分别代表两个想法，请"对抗母亲"和"独立"分别介绍自己，由来访者作为主人，替"对抗母亲"和

"独立"发声。

咨询师先访问其中一位,看看来访者想先谈哪个,是"对抗母亲"还是"独立"。或者看看哪一个想要先表达。如果"对抗母亲"想要先说话,可以请来访者陆续替"对抗母亲"回答以下问题。

- "对抗母亲"是什么时候来到主人的生活中的?多久了?
- 是什么让"对抗母亲"想来找主人?
- "对抗母亲"最想表达的是什么?
- "对抗母亲"最想让主人理解的是什么?
- "对抗母亲"最重视的是什么?
- 当"对抗母亲"出现的时候,"对抗母亲"希望主人如何与它在一起?如何在一起才是对"对抗母亲"的支持和关怀?
- "对抗母亲"最想为主人提供什么帮助?
- "对抗母亲"对主人有什么期待?

打开这种对话空间,让"对抗母亲"通过象征物来表达,可能会让来访者看到很多以前没有机会看到的东西。接下来,可以看看,"独立"听到"对抗母亲"的表达后,是否会产生一些新的想法或得到一些帮助。

"独立"也可以通过主人回答以下问题。

- "独立"是什么时候来到主人的生活中的?多久了?
- 是什么让"独立"想来找主人?
- "独立"最在乎的是什么?"独立"想要如何被主人看见?
- 当"独立"出现的时候,"独立"希望主人可以如何与它在一起?如何在一起才是对"独立"的支持和关怀?
- "独立"最想为主人提供什么帮助?
- "独立"对主人有什么期待?

当"对抗母亲"听到"独立"的发声后,是否会产生一些新的想法或得到一些帮助？

- "对抗母亲"需要"独立"如何支持"对抗母亲"？
- "独立"需要"对抗母亲"如何支持"独立"？
- 这种外化拟人化的问话——"对抗母亲"和"独立"的互相帮忙，会带给主人哪些新的可能性和力量？

当来访者有矛盾想法的时候，会特别痛苦。打开多元的对话空间，让看似冲突的两极化想法，通过一些象征物，通过咨询师的问话，去诉说和表达，这会引发很多新的理解。

该来访者说自己像被困在笼子里。所以我想，我们是否可以陪伴来访者看看如下方面。

- 困在笼子里的来访者，听到"对抗母亲"和"独立"的发声和对话后，有没有一些新的想法？
- 困在笼子里的来访者，原本没有胆量走出去，也没有胆量探索外面的世界；听到"对抗母亲"和"独立"的发声和对话后，有没有获得一些小小的支持和温暖？

对于来访者而言，尽管笼子里的自己处境很困难，但是当他作为听众，听到"对抗母亲"和"独立"的宝贵想法的时候，也许会有很多新的感悟。笼子是一个隐喻，要立即从笼子里出来是不容易的。慢慢地、用不同的方式，让笼子里的来访者得到关心、听到一些东西，也许笼子里的来访者会开始有一些变化。

探索来访者对父亲和母亲的理解

有一点要时刻记得：我们不是教育者，而是陪伴者。在适宜的时候，陪伴来访者慢慢地理解父母，也是很重要的咨询工作。陪伴来访者理解父母的很多方面，当试着打开理解父母的空间时，就有机会得到新的理解。我列举一些问话，但也不限于这些。

- 爸爸和妈妈是怎么认识的？
- 年轻的父母当时为什么想要结婚？
- 父母当时为什么想要去打工？
- 是什么让父母在外打工三年之后，把儿子接回家？
- 父母把来访者接回家后，还在继续打工吗？工作形式有变化吗？如果有，是什么变化？
- 妈妈的童年是怎样的？妈妈的成长过程中有什么不容易的地方吗？
- 爸爸的童年是怎样的？爸爸的成长过程中有什么不容易的地方吗？
- 爸爸和妈妈的感情好吗？他们如何互相扶持？
- 是否有些时候，爸爸和妈妈对来访者不太挑剔？（*有时候也许有一些例外，从这些例外中也许会找到一些东西。*）
- 当爸爸和妈妈不太挑剔的时候，来访者会感受到什么不同吗？
- 爸爸和妈妈对彼此挑剔吗？他们挑剔彼此的时候，是如何在挑剔中作为夫妻相处的？又是如何为人父母的？

来访者成长过程中的不容易

- 来访者在成长的过程中，最不容易的地方是什么？
- 父母对来访者的挑剔会让他如何看待自己？
- 父母对来访者的挑剔会让他无法看见哪部分的自己？
- 那个没有被看见的自己，希望如何被看见？

如图 2.1 所示，被父母看见的自己有哪些？没被看见的自己又有哪些？有时候，父母的严厉挑剔会让孩子误以为他只有这一种样子，咨询师需要陪伴来访者看见没有被看见的自己。

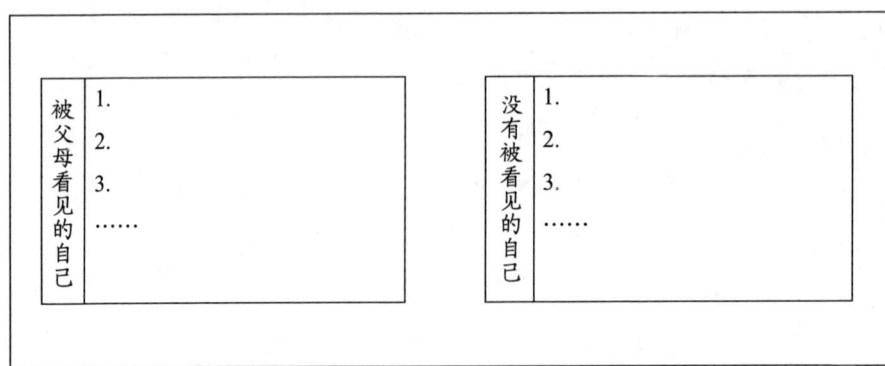

图 2.1　探索在成长中没有被看见的自己

我认为来访者也在为自己负责，之所以这么说，是因为他一直在努力面对自己。他在探索自己，他努力想通过咨询来梳理自己。所以，在咨询中陪伴来访者看见没有被看见的自己，这个部分很重要。

我们都是由父母抚养长大的，可能我们原来的故事里只有被父母看见的那个自己，但还有没有被看见的自己，怎么把这些没被看见的部分列出来呢？或许这个没有被看见的部分是爷爷奶奶看见的那个自己。比如，来访者是一个让老人喜爱的孩子，是一个可爱的孩子，是可以和奶奶亲近的孩子。这些碎片式的故事，是需要我们陪伴来访者去把它们捡回来的。所以，来访者的故事中不只有被父母看见的自己，我们可以陪伴他找回更多宝贵的部分。

在咨询中适当的时候，咨询师可以陪伴来访者完成图 2.1。尤其这个案例中的来访者很有逻辑性，表达又特别好。咨询师陪他整理的过程，也是他的逻辑性陪他看见更多自己的过程。

亲密关系中第三者的声音

这个第三者的声音，是指在来访者的亲密关系中会浮现出的母亲对他说的话，比如，他很差，不配找女友，不配结婚。如何看待亲密关系中第三者的声音，对于来访者而言也很重要。

来访者的亲密关系存在两个阶段，第一阶段是关系靠近到一定程度之前，在这一阶段来访者是会建立关系的；第二阶段是关系靠近到一定程度之后。先试着关注关系建立之初和关系靠近到一定程度之前的这个阶段，放慢脚步，理解来访者曾经做了怎样的努力。

- 是什么让女孩愿意同来访者交往？
- 来访者最吸引女孩的是什么？来访者做了怎样的努力，让女孩愿意开始和来访者交往？
- 女孩会从来访者身上感受到哪些美好的特质？
- 在放弃和女孩的亲密关系之后，是什么让来访者愿意在痛苦中仍然选择重新开始？
- 重新开始背后的信念和坚持是什么？

我觉得这位来访者做了很多努力。咨询师要试着看见来访者在关系建立之初做的这些努力。来访者身上一定有一些特点让女孩愿意和他在一起。所以，这些问话的目的是探寻通过女友，或者说通过作为观众的女友所看到的"他"。

我们也可以放慢脚步看看关系靠近到一定程度之后发生的事情。

- 来访者和女友的关系靠近到怎样的程度时，母亲否定的声音就会开始跳进他的亲密关系？
- 浮现出的这三种声音（他很差，不配交女友，不配结婚）分别指的是什么？越具体越好。
- 这些声音、这些想法会如何影响来访者与女友的交往？会如何影响来访者看待自己作为男友的这个身份或角色？
- 来访者希望和母亲的这些声音保持怎样的关系，在这些关系中，哪些对来访者来说是比较重要的？
- 来访者渴望有自己的家，希望自己成为好丈夫、好爸爸，当这些想法遇到"他很差、不配找女友、不配结婚"的想法时候，会如何与这些否定他的想法对话？

- "渴望有自己的家，成为好丈夫、好爸爸"的想法，会怎样让这些否定他的声音去理解他和他所做的努力？

我们还可以看看，来访者的资源是什么？来访者的资源是怎样陪伴他在困难里生活的？
- 在来访者的亲密关系中，他对于这种第三者的声音有何感想？
- 来访者小时候和奶奶特别亲近，和奶奶亲近的能力是怎么获得的？
- 如果奶奶看到来访者因为母亲的否定而怀疑自己拥有亲密关系的能力，奶奶会和来访者说些什么来支持和关心他？

有时家人曾经对我们说过的一些话，会一直伴随我们。在亲密关系的咨询中，这种情况有时会出现。所以该案例提出的这个议题特别有价值，特别不简单，也特别有意义。它让我们有机会去探索，当来访者的亲密关系中发生类似情况时，可以怎么做。

向父母表达父母对来访者的重要性

在孩子的成长过程中，父母有时因求好心切，会告诉孩子哪里没有做好，哪些能力有所欠缺，甚至因为一些特殊情况，对成长中的孩子失去信心，告诉孩子："你很差劲！"虽然父母的本意不是伤害孩子，而是想通过这样的表达激励孩子。

很多父母没有学过心理学，他们想帮助孩子，但是有时候不知道该怎么做，或者使用的方法不一定合适。对于该来访者的母亲，她是否得到过自己的父母的鼓励？是否有机会看到自己对儿子的重要性和价值？我们可以怎样找到母亲的力量？作为咨询师，如何陪伴来访者看见父母的重要性和价值？在这种"看到"的基础上，让父母支持孩子的各种可能性是一件很有意义的事情。

因此，普及心理学知识很重要，让更多父母有机会接触儿童和青少年心理学，理解孩子在成长过程中需要引领，懂得陪伴孩子学习和成长，帮助孩子提升信心的重要性。当孩子知道自己是宝贵的、被欣赏时，就算有一些地方没有做好，也有力量去成长、突破。

我们可以陪伴来访者试着写一封信给母亲，写一封信给父亲。咨询师与来访者讨论可以尝试哪些方向，而不是咨询师替来访者写。咨询师可以根据来访者的具体情况，陪伴来访者写一封信，一封可以带来更多可能性的信。

以下是我依据此案例写的范例。

给妈妈的一封信

亲爱的妈妈：

我从来没有给您写过信。但我最近有些话想跟您说，可当面又不知道如何开口，还是写封信给您吧！

我6岁时，您和爸爸把我从爷爷奶奶家接回家住。刚开始，我有些不习惯，但是，能和父母一起住，我还是觉得很难得。我现在想，当时你们到外地打工，一定很辛苦，也在为整个家努力。

我也在想，你们就我这么一个儿子，对我一定有期待，当我达不到你们的期待时，作为父母的你们可能会有挫折感，会失望。妈妈，您为这个家付出了这么多，辛苦了几十年，特别不容易，谢谢您为这个家所做的一切。其实妈妈对我非常重要，从小我就很在乎妈妈，妈妈对我说的话，我都会放在心里。我不知道妈妈是否快乐，也许你们那一代人，快乐与否不是重点，养家糊口、把孩子养大才是重点。写到此越发觉得妈妈很辛苦，也希望自己可以做些什么来关心妈妈和爸爸。

最近有件事让我很难受，我特别需要妈妈的帮助。我知道自己有很多缺点，需要一步一步地成长和完善。我今年30岁了，也到了该娶媳妇的时候了。因为妈妈对我太重要，我在和女友交往的时候，总会记起妈妈曾经对我说过的话，那些关于我"不行"的话。例如，我很差，不配找女友，不配结婚。我想告诉妈妈，那些话给了我很大压力。我常常想，自己都这么大了，难道不能自己撑过来吗？可这确实很困难。所以，我今天鼓起勇气请妈妈帮忙，这是我从来没有做过的事情。如果这让您为难，也不用勉强。

我发现我在和女友交往的过程中，妈妈对我说过的这些话我都记得，以至于我看到的全是自己不好的地方，因此不敢再继续和女友交往，怕害了对方。

同时，我也发现，我在和女友交往时，若妈妈能给我一些祝福、鼓励，给一些勇气，我就会有更多力量。爷爷奶奶步入了婚姻，您和爸爸步入了婚姻，我也希望能像你们一样组建家庭，未来有儿子、女儿，你们也有孙子、孙女，我们共享天伦之乐。

妈妈，您可以帮我这个忙吗？给我一些祝福和鼓励，也给我勇气和力量。

一个需要祝福的儿子

给爸爸的一封信

亲爱的爸爸：

我从来没有给您写过信，但近来我心里有件重要的事情，很想和爸爸说。首先谢谢爸爸为这个家所付出的一切，谢谢您把我养大。爸爸，辛苦了！

爸爸，我今年30岁了，到了该迈入婚姻的年纪了。我很想交个女友，娶个媳妇。但是在和女友交往的过程中，我发现，我会记得妈妈对我说过的关于我"不行"的话，例如，我很差、不配找女友、不配结婚。

因为妈妈对我太重要了，所以我一直记得妈妈对我说过的话。当然，爸爸对我也很重要，尤其是爸爸和我同为男性，可能对我会有作为男性的

> 期待。我想请爸爸帮我一个忙：可不可以在我和女友交往的过程中，给我祝福和鼓励，用父亲的方式，给我勇气和力量。如果这让您为难，也不用勉强。谢谢爸爸阅读这封信。
>
> 一个需要祝福的儿子

我们不仅可以陪伴来访者向父母表达父母对他的重要性，如果有机会，还可以邀请父母一起做家庭咨询，当然这需要征寻来访者的意见。如果父母愿意加入，要感谢父母参与的意愿，在对话中试着理解家里的每一个人。虽然来访者告诉我们，他的母亲、父亲对他过往的关系有一些负面影响，但是当我们第一次见来访者父母的时候，还是要尊重他们、理解他们。试着理解如下方面。

- 妈妈心中的儿子是一个怎样的儿子？
- 爸爸心中的儿子是一个怎样的儿子？
- 看看这个家庭宝贵的地方是什么？
- 试着理解爸爸和妈妈，在儿子的这个年纪——30岁的时候，处于怎样的境况？状态如何？

父母的故事——无须完美，只要是父母生活的故事——对孩子来说都是宝贵的。我们试着打开家庭的对话空间，探索来访者需要家人怎样支持他的未来和他的亲密关系。在这个对话空间里，来访者也可以表达他的心情、他的状态、他的需要。如果时机成熟，这样的对话是非常宝贵的。父母在抚养孩子的过程中没有机会表达的一些东西，也许可以通过关于家庭关系的对话，获得表达的机会并带来新的理解。

很多家庭也许存在过往的"雾霾"和痛苦，但是通过不一样的家庭咨询对话，可以带来一个新的可能性。这也是家庭和关系咨询的一个非常有意义、有价值的地方。

邀请未来的女友参与伴侣咨询

在咨询中，来访者首先要表达对女友的感谢，感谢女友愿意参与伴侣咨询，同时来访者可以说明他的咨询目标。来访者也可以和女友共同探索他们的关系。如下方面很重要。

- 女友体验到的来访者是什么样子的？
- 来访者非常敏锐、细致，通过他痛苦的经历，女友体验到了什么？
- 来访者会体验到关于女友的什么？
- 当女友了解了这些事之后，来访者可以如何在母亲对他的影响下，以及与女友交往的经验中，找到他要的亲密关系？
- 女友可以如何在关系中支持来访者？

女友的反馈和支持对来访者来说很重要。这样，来访者就不用再独自面对母亲对他的影响了，来访者也会逐步在亲密关系中培养属于他的力量。一个人在成长过程中，或许会遭遇父母很多的否定，但我认为亲密关系中的陪伴也会疗愈很多的否定。

对于自卑、自责等的不同看法

自卑、自责、矛盾、无力、自己不够好、不能对自己负责、不能投入爱一个人等，这些都是咨询中要进行工作的部分。经过咨询师与来访者对这些部分的工作后，来访者对它们会产生一些不同的看法。

结语

我觉得来访者是一个很勇敢、贴心的儿子。他一方面在努力改变长大后的关系生活，一方面仍然在乎母亲对他的影响。他在探索到底要如何兼顾二者，他不想背叛任何一方。这是一种生命持续发展的力量，这份力量会带给这个家庭生生不息的活力。

咨询师的回应

吴老师对案例的剖析给了咨询师很多启示，也创造了新的咨询视角。在该案例中，一共进行了十二次咨询，递交个案报告的时候进行到了第八次，所以咨询师又补充了一个重要信息：在后续的咨询中，来访者说母亲和自己道过歉，表达了她早年并不知道怎样教育孩子，但是来访者拒绝接受母亲的道歉。

咨询师一开始觉得来访者和奶奶的关系是很好的切入点，至少奶奶是他的稳定的抚养人。但来访者谈到，奶奶经常告诉他要孝顺妈妈，而他认为妈妈对自己很不好，不明白为什么要这么做，这让他特别矛盾。

吴老师在督导中提到了外化拟人化对话，咨询师在咨询中使用的是情境对话，这个技术帮助来访者喊出了自己的一些愤怒。咨询师原本想借助来访者喊出愤怒的过程，去引导他，找到解决办法。可此时的来访者又表现出以前的状态，说："不行了，我想不到了，我不知道未来会怎样。"

来访者是从高中的时候开始思考如何跳出这个怪圈、如何解决问题的。在咨询中，咨询师看到了这一点，并一直鼓励他，肯定他的思考，肯定他不断探索如何解决问题的尝试。咨询师对来访者说："十年前你就开始有所觉知，探索了哲学和心理学，你一直在尝试一些方法，让事情变好。即使现在的情况没有达到你的预期，你也已经在尝试的过程中了。你非常有毅力、有决心，我会陪伴你不断尝试。"

面对咨询师的肯定和鼓励，来访者对不能快速、有效地解决问题耿耿于怀。说到咨询师的作用时，来访者提到，他把咨询师想象为他的母亲，他特别害怕咨询师像母亲一样批评他，但咨询师没有。咨询师为他提供的一直是稳定、抱持的关系，所以来访者在咨询师面前感觉比较安全。

在咨询期间，因为来访者出现了危机情况，所以咨询师为他做过自杀评估。咨询师认为，自己在咨询中的确忽略了某些细节，比如，吴老师会想问来访者，他的爸爸和妈妈是如何走到一起的。在该问话中有可能找到来访者为什么和女孩走不到一起的原因。

咨询师还是有一些疑惑，在整个咨询过程中，一旦提到来访者的优点，提到对未来美好的设想，来访者就会说，脑子一片空白，不愿意想，也从来没想过。

最后，吴老师在督导中提到了很多方法和角度，咨询师想从新的视角再试试。

熙玥老师再回应

这位来访者能够接受十二次咨询，而且他感觉咨询师像他的母亲，带给他稳定的关系，这样的咨询师的"在"就是一个很宝贵的东西。咨询是一个缓慢的过程，谈及未来和解决问题，这些是不太容易的。也许来访者也在向我们传递一个信息，就是要"慢一点"。

咨询师补充说，来访者的母亲向来访者道歉，说她不知道怎么教育孩子。很多父母在教育孩子的过程中，虽然不是故意的，却在无意间伤害了孩子。我觉得这位妈妈可以这样说，特别地宝贵。对于来访者没有办法接受道歉，我们也许还需要做一些工作。如果来访者愿意，能邀请母亲来到咨询空间，咨询师可以陪伴他们。

也许有人会认为，母亲都向来访者道歉了，来访者怎么还不接受？对于来访者而言，他不接受道歉，可能也是重要的。或许他需要让母亲知道，母亲对他的影响太大了，让他太痛苦了。对于这一点，咨询师需要深入了解。又或许需要一个仪式：支持母亲去聆听孩子经历的这些难过，而不是否定母亲。如果可能，当母亲听到孩子的痛苦的时候，陪着母亲看看：如果可以回到十年、二十年前，现在的妈妈可能会用怎样的方式和儿子对话？这就是通过妈妈新的理解去改写儿子的经验。这个来访者很幸运，可以有咨询师刘女士的陪伴，陪伴他不断地梳理。这位妈妈也特别难得，可以向来访者道歉。

母亲对来访者说的话给来访者造成了很深的创伤,这是需要一些工作的。我们能感觉到来访者很愿意去努力,他很想知道可以怎么做,但这个过程,需要一步一步进行。

理 论 梳 理

第一,男性的生命发展阶段。30岁的来访者进入了生命的另一个阶段。他主动寻求咨询师的陪伴,想疗愈自己,并寻找适合自己的发展方式,继续前行。

第二,母亲的评估在来访者的亲密关系中的重要意义。有很多不同的思想、不同的元素在影响着我们每个人的亲密关系。对来访者来说,母亲的评估在他的亲密关系中的重要意义是什么?

第三,父母祝福的疗效。这位母亲的道歉,对来访者来说特别有价值,这可以触发更多的可能性,给来访者力量,支持他往前走。

第四,与未来的女友共构未来的关系。过去终将过去,未来终将到来。来访者已经在主动寻求疗愈,这很难能可贵。其实,疗愈已经开始,并且正在进行,与未来的女友共构未来的关系是来访者的生命愿景,也是一个新的开始,只是需要慢慢地、一步一步推进。

练 习

练习一 用你的经验支持来访者的亲密关系

对每一位有孩子的读者,无论你的孩子是否已经长大,都请你试着思考一下:你会如何陪伴孩子进入亲密关系?用你建立亲密关系的经历,来支持来访者的亲密关系。（此处不是要否定来访者的父母，而是将你为人父母的经验分享给来访者。）

对于有自己的成年孩子的读者，请思考如何带着陪伴长大成人的孩子进入亲密关系的经验，来支持来访者的亲密关系？

练习二　打开"挑剔"的关系对话空间

来访者在进入亲密关系时，有很多因素会让来访者不知道该怎么往前走。比如，这个案例里提到的父母对孩子的挑剔。那么，怎么打开"挑剔"的关系对话空间呢？我们可以如何支持这名来访者呢？

在我们的生活里，"挑剔"在很多时候也会找上我们。我们可以找机会看看被挑剔的经验，或挑剔他人的经验；再看看"挑剔"对关系是如何起到保护作用的；"挑剔"可以带给我们什么样的力量。如果觉得合适，你可以试着看看如下方面。

1. 在你的关系中，有没有经历过"挑剔"，不论是被对方挑剔，还是挑剔对方？

2. "挑剔"一般是怎么发生的？不论是被对方挑剔，还是挑剔对方？

3. 当你被挑剔时，你一般如何面对？若你挑剔对方，是什么让你想挑剔对方？

4. 在你被挑剔的时候，你和对方的关系会如何受影响？在挑剔对方的过程中，你又会如何考虑维护和对方的关系？

5. 在关系中，"挑剔"不可避免地会出现。你认为什么样的挑剔仍能呵护彼此的关系，而且可以带给双方力量？（毕竟"挑剔"最深的用意是让对方更好、更有自信，并非弱化对方，我们一般只有在面对最亲密的人时才会挑剔，而面对和我们关系一般、疏远的人，我们不太会挑剔。）

结语

你做这个练习有什么感受?对于每一个练习,你认为合适再做,如果认为不合适,也可以不做。

在关系中,有时"挑剔"会出现,在它出现时,我们可以怎么理解"挑剔"?怎么打开对话空间?我们也可以尝试看看多元文化的视角对"挑剔"的启发是什么。

案例二督导思维导图

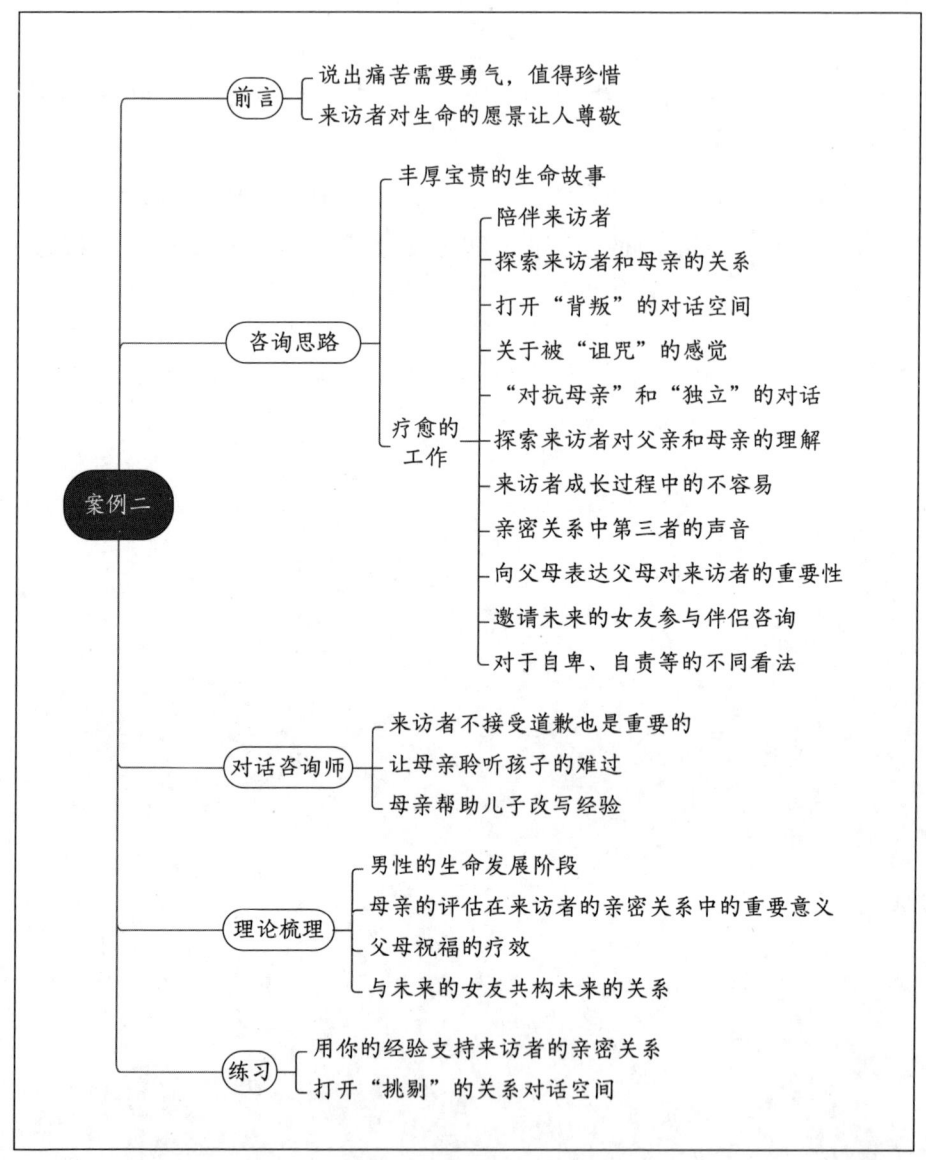

思维导图绘制：于晓阳

案例三　开创美好婚姻关系的"心意"

婚姻关系带来挑战的时候，也是一个人对婚姻有所反思的时候。虽然该案例中的来访者目前仍然处于关系困境之中，但如果能够看到来访者愿意思考、挣扎和探索，便找到了来访者的力量，这份"看见"对来访者很重要。面对婚姻关系的困惑，首先让来访者看到她对婚姻的愿景是很有价值的。然后，陪伴来访者探索在婚姻中哪些元素对婚姻关系是重要的，看看婚姻关系中的阻碍可能是什么。

其实，所有男性都需要在婚姻中被看见，他们的付出需要被看见，纵使他们的付出很微小。对男性的看见和肯定，对于他们在未来的持续付出会起到很大的鼓励作用，他们会慢慢地更愿意付出。丈夫在家庭中分担家务、照顾孩子，会让妻子觉得丈夫关心她，会让妻子觉得丈夫是爱她的。这对进入婚姻的男性而言，也是对性别角色的一种突破和学习，可以更好地滋养夫妻关系。

一个家庭，除了家务外还有各种各样的事情。为了让彼此更好地前行，更好地面对困难，要先看到彼此的好，先肯定对方。妻子可以用一些方法邀请丈夫，一起看看可以怎样往前走，一起浏览家里有哪些家务，什么是丈夫可以参与的，什么是丈夫擅长的，什么是丈夫喜欢做的。

关于"玩手机"，不要否定丈夫的"玩手机"，不要责备这是一种不负责任的行为，不要给"玩手机"这件事情贴标签。先看看，丈夫使用手机是否与工作、娱乐、放松、联结有关？丈夫喜欢这些事情，背后的原因是什么？这是不是对他很重要？在被了解而不是被批评的前提下，再和丈夫逐步讨论，事情就会变得比较容易和顺畅。

个案报告

一般资料

来访者为30岁的女性，在事业单位工作，结婚6年，有一个5岁的女儿。

来访原因

来访者在婚姻生活中，因为丈夫不主动做家务而深感不快。在丈夫达不成自己对他的期待时，双方常常争吵和冷战。来访者也担心这样的状态会影响女儿的成长，希望能通过与丈夫沟通来解决这个问题，但她很难与丈夫达成共识。目前来访者很害怕和丈夫谈这件事，并因此感到痛苦。

来访者的心理困惑

来访者和丈夫是相亲认识的。起初，来访者并没有打算和他交往，但是来访者的妈妈觉得男方各方面都不错，给来访者施加压力，于是双方认识两个月就结婚了。

结婚以后，有一段时间夫妻俩住在丈夫的父母家里，那时他们的关系还不错，丈夫也会关心来访者。后来，新房装修好后，夫妻俩搬了出来。和公公婆婆分开住以后，来访者发现丈夫不做家务，家里所有的家务都要靠来访者一个人完成。即使来访者已经怀孕，丈夫也不帮忙，说自己不会，告诉来访者不用管这些家务。如果来访者多次找丈夫帮忙，丈夫就会嫌妻子多事。来访者很要强，此后便不再麻烦丈夫。但是来访者心里很不舒服，和丈夫说话的语气也变得不好，常常引发争吵、冷战。最长的冷战时间是两个月。

随着孩子长大，事情变得更多了。如果来访者不开口，丈夫从不主动关心和分担家务，只顾着自己躺在床上玩手机。就算他愿意做一些家务，也非常敷衍，来访者很不满意。

这个问题持续多年，影响了他们的亲密关系。他们大多数时间都在冷战。在这样的关系里，来访者感觉非常难受，胃也不舒服。来访者担心这个问题会影响女儿的成长，曾试着和丈夫提出要求，但是每次沟通时，丈夫都觉得自己对家庭有所付出，自己做得挺不错的。这导致来访者越来越不想和丈夫沟通。

随着咨询的进展，来访者发现自己特别在意丈夫是否勤劳，在结婚之前她并没有察觉到这一点。每次看到丈夫躺在床上什么也不做，来访者就会想到小时候父亲有好几年不上班，躺在家里睡觉，家里所有重担都落在母亲一个人身上。来访者觉得母亲太辛苦了，不希望自己也变成这样，很想获得另一半的支持和帮助。更不希望这样的命运在自己的女儿身上重复。

来访者知道需要和丈夫好好谈谈自己对婚姻的期待，但是她又害怕和丈夫谈话。她不敢开口，原因既包括对于自己主动做出改变的不情愿，也包括担心关系缓和之后丈夫又变回原来的样子，因为之前总是这样循环往复。

问题在于，丈夫会配合做一些改变，但她对丈夫有更多的期待，且丈夫的表现和她的期待又恰好相反，这让来访者很痛苦。

咨询目标

和丈夫建立正常的婚姻关系。

咨询师的补充说明

我自己就是这个个案的所谓"来访者"。作为一名正在学习中的咨询师，在提交督导案例的时候，对于是否把我个人的情况以个案的形式提交给老师，是否可以请老师以个案的形式督导，我一直很犹豫不决，但又不想放弃这个被督导的机会。而且我也在陆续做咨询，我确实觉得在陪伴和我类似的来访者时，有一些困惑和无力感。我把自己的情况整理出来和大家分享，本意是希望以一个咨询师的角度和大家交流，也非常希望熙玥老师可以把我整理出来的个人经历和困惑当成案例来督导。

熙玥老师的回应

谢谢咨询师的分享，也谢谢咨询师在最后和我们说，这是她自己遇到的情况。那我就以督导的角度来说说我怎么看这个案例。

在督导里，我也多次遇到这种情况，我本以为是咨询案例，后来发现是咨询师本人的议题。不过既然这个案例被选中了，我就当作督导案例来谈。在我谈这个案例的过程中，咨询师也可以梳理思路：一方面看看，如果自己陪伴这样的来访者，会怎么做？另一方面也看看，如果作为来访者，对于我谈到的一些想法的感想是什么？

对于不同的案例，不同的督导师会有不同的剖析、不同的想法，我将分享我多年的经验和想法，我的视角不是唯一的，仅供读者参考。

我想从以下九个方面来探讨。

感谢咨询师让我们有机会陪伴她一起工作

当咨询师有机会陪伴和自己有类似经历的来访者，并和来访者一起探索关系的时候，这是特别难得的，我们要珍惜这样的工作机会。

感谢咨询师愿意探究自己在婚姻关系里发生了什么。通过这样的探索，也可以让有类似经历的咨询师思考如何照顾自己、照顾关系。所以我也要特别感谢咨询师提出这个案例。

当咨询师遇到这样的案例时该如何工作

来访者提出婚姻的挑战的时候，也是来访者对婚姻有所反思的时候，这是特别难得的。在我的经验里，虽然来访者目前仍然处于关系困境之中，不管她提出的问题多么困难，如果我们可以在一开始的时候，就看见来访者愿意思考、挣扎和探索，便找到了来访者的力量，这种"看见"对来访者是很重要的。

作为咨询师，如果可以看到"问题以外的来访者"，看到愿意"努力面对婚姻困境的来访者"，这种"看见"对来访者是极有意义、有价值的。因为在困境中看到一些"小小的好"或"大大的好"，都会让来访者重新安定下来去思考。所以，咨询师一开始如何想、如何看待来访者，都会影响之后的咨询工作。

试着了解来访者的愿景

来访者的痛苦来自目前的婚姻与自己渴望的婚姻的差距。我们可以先谈谈来访者的愿景，谈谈来访者对婚姻的蓝图。然后陪伴来访者探索，来访者认为在婚姻关系中需要有什么元素，什么元素对婚姻关系是重要的。也陪伴来访者看看婚姻关系中的阻碍，这些阻碍可能是什么。

陪伴来访者面对婚姻关系的时候，看看婚姻的愿景是很有价值的。我可能会对以下方面表示好奇。

- 来访者对正常的婚姻关系的定义是什么？
- 正常的婚姻关系有哪些细节？
- 来访者对于正常的婚姻关系的想法是如何形成的？从周围的人、朋友或各种各样的人身上观察到的吗？什么样的关系是所谓的"正常"的婚姻关系？

我一直觉得咨询目标是值得花一些时间去好好聆听的。当来访者有机会对正常的婚姻关系做诠释的时候，她可能也会有一种更安定的感觉。

在这个案例中，来访者不希望她和丈夫的关系影响女儿，那么，我们可以看看如下方面。

- 夫妻目前的亲密关系会怎样影响 5 岁女儿的成长？
- 来访者希望可以带给女儿什么影响？

- 来访者现在传达给女儿的东西会给女儿带来什么影响？
- 来访者希望给女儿未来的婚姻带来什么？（因为来访者提到"不希望自己的命运在女儿身上重复"。）

针对来访者对女儿的心意，我会设计更多问话，让来访者有机会看到她想给女儿的是什么。问一问来访者如下问题。

- 虽然现在很困难，这种婚姻关系也很辛苦，但是来访者很愿意努力。长大后的女儿在知道母亲付出的努力后，会如何感谢母亲在困难的夫妻关系中所做的努力？（试着在这些痛苦的表达中，看看有哪些暖心的小故事。）
- 母亲所做的努力又会带给女儿什么更好的影响？

咨询中很重要的一件事就是根据来访者的描述，贴近来访者的脉络。让来访者在讲故事的过程中，述说更多背后的故事。在很多困难的婚姻关系中，为了孩子，夫妻双方都愿意在婚姻里付出各种努力，我觉得这些努力特别感人。当这些努力有机会被看见，特别是在夫妻谈话中，让来访者看到孩子会怎样看待和感谢父母在困难关系中的努力，是一件很有意义的事情。

来访者提到她很希望可以和丈夫好好谈谈，但是会害怕。作为咨询师，可以陪伴来访者看看如下方面。

- 来访者认为的"和丈夫好好谈谈"是什么样的谈话？（我们在婚姻中都会经历各种各样的谈话。有时是在不情愿的情况下进行的谈话，有时是开心的谈话，有时是愤怒的谈话。）
- 放慢脚步，邀请来访者分享：来访者想和丈夫好好谈谈，她的期待可能是什么？（一步一步地探寻来访者的愿景，这背后还有哪些细节？）

来访者提到，夫妻俩刚结婚时住在丈夫的父母家的情况。那时他们的夫妻关系还不错。针对那个阶段，我们可以看看如下方面。

- 关系不错，指的是什么？
- 这样的"不错"是怎么形成的？
- 当妻子觉得关系不错的时候，这种不错的关系给来访者带来的是什么？给她的婚姻带来的是什么？
- 在过去住在丈夫的父母家的时候，丈夫也会关心来访者，丈夫的关心指的是什么？（感觉到丈夫的关心，似乎对来访者而言很重要。）
- 丈夫的关心会给来访者的生活带来什么？

对于深陷痛苦的婚姻中的来访者，如果在咨询中有机会看到过去，看到曾经有过一些还不错的关系，是很有价值和意义的。

看看来访者对原生家庭的觉察

来访者提到，在她的成长过程中，父亲有好几年没有上班，母亲承担起所有的家务。来访者觉察到自己之所以很希望、很在意自己的丈夫是否勤劳，是与此有关的。那么，来访者对原生家庭的觉察可能带给来访者哪些想法？

- 母亲在那个时候最不容易的地方是什么？
- 母亲是如何在那种情境中维系家庭、养育孩子，陪孩子长大的？
- 如果母亲有父亲的支持和帮助，这可能带给母亲以及家庭什么样的可能性？
- 来访者对自己的原生家庭的关系的觉察会对她现在的家庭带来怎样的帮助？

丰富来访者的力量

对于该来访者觉得丈夫不帮忙做家务，我会试着看看如下方面。

- 这几年，她一个人做家务，最不简单的地方是什么？
- 很多家庭都会遇到类似该来访者的这种情况。在还没有发生改变之前，她不简单的地方是什么？
- 那个怀孕中的来访者，没有丈夫的帮助，很不容易的地方是什么？
- 来访者是如何在没有丈夫的帮助的情况下照顾女儿的？
- 对于没有丈夫的帮助却依然照顾这个家庭的来访者，最需要被感谢的地方是什么？在这样不容易的情况下，可以如何感谢这个不容易的自己？

对夫妻关系细节的探索和理解

在这个案例中，来访者做了一些细节的描述，比如她说"不再麻烦丈夫"，但是"不再麻烦"会带来不舒服的感觉。咨询师可以通过问话陪伴来访者探索这些细微的体验。

- 这种"不再麻烦"之后带来的不舒服是什么？
- "麻烦丈夫"指的是什么？
- 有没有什么"麻烦丈夫"的方式，可以既麻烦他，又不会让来访者觉得打扰他？
- 当来访者有机会用"麻烦但不打扰"的方式邀请丈夫参与到家务中来时，她心里的感觉是什么？

该来访者很细心，觉知力也很强。她提到当她心里不舒服的时候，和丈夫说话的语气会变得不好。这也是一个关系中的细节，我们可以和来访者一同去探索和理解。

- 当来访者心里不舒服的时候，说话的语气会变得怎么样？（在来访者分享这些的时候，我们也在陪伴她觉察。）
- "心里舒服"指的可能是什么？

- 和丈夫说话"语气好"指的是什么？
- "语气好"对夫妻关系的影响可能是什么？
- 需要怎样注意语气，才可以变好？
- "语气好"和"语气不好"的差别是什么？
- 亲密关系会如何被"语气好"或"语气不好"影响？

每一个人都有很多面，有时候我们说话的语气比较中性，有时候特别好，有时候不太好，有时候特别不好。当我们有机会陪来访者对自己不同的表达有所觉察和理解的时候，她也会更理解自己，更能够看到要用什么样的语气去表达自己。

来访者也提到了夫妻之间的"冷战"，而且有时这种"冷战"长达两个月之久，那么，我们可以一起陪伴来访者探索和理解以下方面。

- "冷战"指的是什么？
- "冷战"可能会如何影响女儿的成长？
- 如何避免"冷战"？

如何对丈夫表示好奇

来访者提到，丈夫觉得自己有所付出，也觉得自己做得挺不错的。虽然妻子并不认为丈夫做得好，但是，妻子也许可以对丈夫表示好奇，看看丈夫认为他付出的是什么，然后请丈夫来协助妻子理解他。

- 丈夫觉得自己做得挺不错的地方是什么？
- "挺不错"指的是什么？

在我多年的经验里，男人和女人对于家庭的付出，对于"做得好"的定义，好像有所不同。其实所有男性都需要在婚姻中被看见，他们的付出需要被看见，纵使他们的付出很微小。被看见、被肯定对于他们在未来的持续付出会起到很大的鼓励作用，他们会慢慢地更愿意付出。如果妻子希望丈夫可以达到她的期待，可能需要发现丈夫比较用心或努力的一些小事，并给予鼓励和肯定，这样可以让丈夫觉得妻子并没有理所当然地对他提要求。然后再逐步邀请丈夫加入家庭工作。感谢丈夫的参与和付出，这需要一步一步慢慢来。

在传统的性别角色中，男性基本上不会被要求做家务，大部分男性（并不是所有）进入婚姻后不会参与家务劳动，这很常见。而且有些男性可能会认为做了家务，自己就不是男人了。还有一些男性会认为，女性做家务原本就是应该的。而女性似乎一进入婚姻，就会自发地为新组建的家庭付出一切，这特别感人。（我觉得这个来访者是一个很愿意为家庭付出的妻子，也特别辛苦。）但与此同时，女性可能会因为劳累而感觉很委屈，心里很难受，也会发出"怎么让我一个人扛下所有家务"这样的声音。

在这个不断发展和变迁的时代，很多女性在家庭中要承担所有家务，又要上班，往往很辛苦，因此会对不做家务的丈夫感到生气。丈夫在家庭中分担家务、照顾孩子，会让妻子觉得丈夫关心她，会让妻子觉得丈夫是爱她的。这对进入婚姻的男性而言，也是对性别角色的一种突破和学习，可以更好地滋养夫妻关系。

对女性而言，可以试着理解男性成长过程中的文化脉络和角色脉络，也可以试着和丈夫讨论"做家务"这件事。让孩子看到父母是如何协商和讨论的，对孩子而言也是成长过程中一种宝贵的学习。夫妻讨论的前提是多看到彼此，多肯定彼此，让彼此感受到在对方的眼里，自己是有价值的。

关于夫妻家务分工的讨论，我有三点想要分享。首先，地毯式地"肯定"对方对家庭的付出，或带给家庭的贡献（包括对非家务类事情的肯定，因为在一个家庭中，除了家务，还有各种各样的事情）。

"肯定"包括妻子可以肯定丈夫的地方。比如，丈夫陪孩子玩，丈夫很疼爱孩子，丈夫对自己的父母还不错，丈夫是一个负责任的人，丈夫会带家人去吃美食，丈夫会带大家出去玩，丈夫会保护家人的安全等。作为妻子，尝试去看看丈夫有哪些优点,然后肯定丈夫。每个男人都是需要被欣赏的,当一个男人觉得在家里他是一个没用的人,在家里被否定的时候,未来关系中的情感流动就很困难。我和很多家庭对过话,和很多夫妻对过话,在这些对话里,有痛苦的,有挣扎的。为了让彼此更好地往前走,更好地面对困难,第一件事就是看到彼此的好,肯定对方。

丈夫也要试着欣赏妻子。丈夫可以向妻子表达:妻子把孩子照顾得非常好,让丈夫非常放心;妻子对自己的父母很孝顺或相处得很好;妻子会关心丈夫的父母或买东西给丈夫的父母。而不要理所当然地觉得,这些事都是妻子应该做的。

各种各样的肯定都很宝贵,妻子愿意关心家庭成员也是很宝贵的事,所以我称之为"地毯式肯定"。肯定是不嫌多的,当然肯定也需要是诚恳的、真心的。关于做家务和家务分工的讨论和对话需要有铺垫,这个铺垫就是肯定对方。

其次,彼此都觉得被对方肯定和欣赏的时候,就可以谈论家务。

夫妻二人不要对如何安排家务抱有理所当然的期待,而是先看看这个家有哪些家务事。比如,洗衣服、洗碗、扫地、洗被单和床单、倒垃圾、擦玻璃……夫妻以研究者的精神共同列出家务清单,然后看看两人各自擅长的是什么。可能有些人擅长扫地,有些人擅长使用吸尘器,有些人擅长洗衣服……让每个人都可以发挥所长。当孩子长大一点儿后,孩子也可以参与家务事的讨论。在肯定彼此的前提下,进行做家务的讨论就会比较容易。

妻子不要预设丈夫什么都不想干,或者什么都不会干,而是保持非批判的立场,一步一步慢慢来。我知道这不容易,但妻子可以用一些方法邀请丈夫一起看看怎么往前走;一起浏览一下家里有哪些家务事需要做;什么是丈夫可以参与的;什么是丈夫擅长的;什么是丈夫喜欢做的。

丈夫能多做一件事,妻子就可以少做一件事,这对被家务烦扰的妻子来说特别重要。很多女性告诉我,如果从刚结婚开始夫妻俩就共同做家务,妻子在婚姻中就不会那么操心。我也听很多女性说过,她们的丈夫不做家务。

我住在美国的时候，听说很多西方的男性也不做家务，他们也会寻求咨询。做家务这件事情是夫妻咨询里一个非常常见的议题，别看这是小事，但是会影响夫妻关系。所以我们要感谢咨询师提出这个案例。

妻子先一步一步地、用心地铺垫，感谢丈夫的协助，而不是理所当然认为他本该做这些事。很多男性会在这种温暖的鼓励中慢慢变得有信心，慢慢地带着好心情学习怎么做家务。只要有信心，就可以做得更好。

男人做家务会促进夫妻感情，使夫妻关系更加亲密和谐。所以，现代许多女性都在思考：要怎么邀请丈夫参与家务事？在思考中，不同的家庭会发现不同的细节，找到不同的方法，但刚才提到的两点基本是通用的，即地毯式肯定和讨论家务事（先分类，再讨论各自擅长什么）。

最后，妻子可以告诉丈夫自己需要被协助的地方是什么。

在婚姻关系中，不是一直都要保持坚强。女性展现自己无力的地方，并不是在展示自己的脆弱。让丈夫知道妻子在什么地方需要帮助，这是一件真诚的事情，可以让丈夫知道他的帮助对妻子很重要。有机会去表达脆弱和需要，也会打开一个相互关怀和彼此支持的空间，这能滋养关系，让关系更亲密。

如何与丈夫的"玩手机"相处

现在，很多家庭都会提出这个议题。我觉得这似乎不是一个家庭议题，而是很普遍的现象。如何就此工作呢？在这里中立的原则可能很重要。先不要否定丈夫的"玩手机"，不去责怪这是一种不负责任的行为，不要给"玩手机"这件事情贴标签。先看一看丈夫使用手机是否与工作、娱乐、放松、联结相关？丈夫喜欢这些事情，背后的原因是什么？这是不是对他很重要？在被了解而不是被批评的前提下，再和丈夫逐步讨论，事情就会变得比较容易和顺畅。在家里如何使用手机对家庭能提供更多支持？打开关于手机的对话空间。

- "玩手机"对丈夫的支持是什么？
- "玩手机"是否可以让丈夫放松？
- 丈夫是否觉得玩手机很有趣？
- "玩手机"是否让丈夫觉得可以学到很多东西？或者可以和一些人建立联结？
- 如何在家使用手机，对家庭能提供一些支持？
- 夫妻需要在"玩手机"这件事情上逐步做一些什么样的调整？

尽管当伴侣做了我们不喜欢的事情时，我们会感到很不舒服，但是我们依然需要知道，谈话是建立在接纳和理解的基础上的。去理解这些让我们"不喜欢""不舒服"的事情，其实也是在理解我们自己。

在这里，我想分享两个小故事。

我平常很忙，最近因为疫情的关系，才有更多的时间待在家里。在家里时，我需要用手机做很多工作。我记得刚开始的时候，我的先生非常不高兴，因为他不常用手机。比如，因为有急事，吃饭的时候我会把手机放在餐桌上，然后我先生的脸色就会明显变差，他会说："太太，我们可不可以好好吃饭？你待会儿再处理工作可不可以？"当我看到他真诚的表现，看到他的不舒服时，我就不再在餐桌上回应工作的事情了。我们俩也在努力创造一种默契，创造一种和谐：在吃饭的时候，手机要怎么安静地待在旁边？

由于我很忙，和我先生在一起的时间很少。每次和他坐车出去办事的时候，我总是一上车就看手机，因为有很多工作要回应。每当这时，我先生也会表现出不高兴，因为他觉得我的这些行为在弱化我们的关系。他会说："太太，你难得和我待在一起，可是，和我在一起时你还在看手机，这样是不是没有礼貌？"先生这么说，我不认为他在攻击我，我觉得他在诚恳地表达他真实的心情。所以后来我在和他一起坐车的时候，就不看手机了，而是和他在一起聊聊天、发发呆。如果我有急事，我会对他说："先生，我有急事必须赶紧处理，我看一下手机可以吗？"他会表示同意，因为他知道，我不会每一次在和他一起坐车的时候都使用手机。

我分享这两个小故事是想表达，作为老师的我，一方面陪伴大家面对手机，另一方面也在学习，手机在我的家庭里扮演着怎样的角色。希望这些分享可以给大家带来一点帮助。

与丈夫相亲认识

关于这一点，我可能会看看如下方面。
- 妈妈觉得丈夫"各方面都不错"指的是什么？
- 妈妈觉得这些条件会给女儿带来什么？
- 妈妈对女儿施加了什么样的压力？
- 对这个来访者来说，面对妈妈的压力，她最不容易的地方是什么？

现在我想邀请咨询师看看，以上这些分享对于你所面临的困难，有没有带来一些支持？可以从自己作为咨询师的角度谈谈感想。你也可以看看，如果你是这个来访者，你的感想又会是什么？

咨询师的回应

咨询师在报个案的时候，觉察了一下自己的身体，感觉胃好像有一些不舒服的感觉，所以把"胃不舒服"这个部分临时补充在报告里。在督导过程中，老师慢慢地带领咨询师去探索和反思。经历了这个过程后，咨询师再次觉察身体，感觉好像胃的"不舒服"消失了。咨询师觉得，好像一些内在的部分也在悄悄地发生变化。所以咨询师非常感谢老师，老师给了她这些珍贵的分析和分享，给了她很多帮助和启发。

熙玥老师再回应

咨询是一个过程，可能有一些咨询师希望使用比较快的方式，也可能希望从多角度来分析。咨询师可以根据个案的实际情况去斟酌和选择：到底哪些方面对来访者是有帮助的？

理 论 梳 理

第一，**不同生命阶段对家庭的影响**。一个家庭经过的不同生命阶段叫作生命周期，每个阶段有不同的变化。在不同的变化中会有不同的压力、不同的觉察、不同的应对方法。

在这个案例里，来访者正在迈向家庭生命周期的下一个阶段。孩子在逐渐长大，来访者对自己的夫妻关系进行了反思：我想要什么样的夫妻关系？我要为我的孩子提供怎样的精神环境？来访者也在思考，可以怎么经营来让自己的家庭继续前行。对于家庭不同生命阶段的变化，我们可以在其中做不同的工作。

第二，**新时代性别角色的变化和调整**。性别是家庭治疗中的一个重要元素，也是多元文化的一部分。性别角色给不少家庭带来了冲击、冲突和困惑。我们需要带着这样的视角，看到多元文化元素会如何影响夫妻关系，理解文化中的性别角色是怎么回事，看看在来访者所处的文化背景中如何陪伴来访者经营她想要的关系，看看在这种文化背景下的夫妻要怎么分配家务，等等。

前文中我提到，男性在传统文化里是不被期待做家务的，所以，在这种文化背景下成长的男性不做家务，并不代表他不关心家庭。可能好几千年来，男性的任务是外出工作，不用怎么做家务。近百年来，整个社会在变化，女性的受教育水平越来越高，也开始外出工作。女性开始发声："为什么这么多家务活都是我一个人干？！""做家务"成为夫妻咨询里的常见议题，这是很正常的。

我们需要怎样理解男性的文化脉络？怎样理解他们的不容易？如何邀请男性慢慢往前走？不论是我们自己在家庭中面对这个议题，还是作为咨询师陪伴来访者面对这个议题，都可以将文化背景纳入考虑，然后再看要怎么工作。

第三，对科技进入家庭的反思。随着手机、电脑进入家庭，这也成为家庭治疗里经常触及的一个议题。近几年来我们一直在谈：科技如何影响我们的孩子？科技如何影响我们的夫妻关系、家庭关系？这是现代人面临的挑战。

科技进入家庭之后，我们要怎么工作？怎样打开"使用手机"的对话空间？不要否定手机，而是大家共同探讨在家庭里合适的手机使用方式。大家在陪伴不同的夫妻或家庭面对这个议题时，有时可能会涉及情绪与一些历史脉络，这些都是咨询中需要去细致开展的工作。我们需要更关注背景元素，根据不同家庭的不同情况来开展工作。

第四，"世代循环"。该来访者提到，来访者的母亲承担家里所有的家务，而父亲什么都没有做。来访者希望母亲曾经辛苦的遭遇不要再在世代中重复。

这个"世代循环"是可以去工作的地方。在"世代循环"里，我们可以看到其对女儿的影响，看到女儿对关系的看法，等等。所以，我们可以思考如下方面。

- 我们希望在我们的家庭里，什么能在世代中循环？什么对我们的家庭是有帮助的？
- 我们想要传承的是什么？
- 什么是我们希望在我们这一代就停止或者告一段落的？

该来访者也在思考这个议题，她希望她这一代的婚姻关系可以和父母有所不同，她希望让女儿获得不一样的经验，希望女儿在未来的婚姻关系中可以创造不一样的循环。为了女儿，为了关系中的自己，她要在关系中努力奋斗。我认为该来访者是一个难得的女性、难得的妻子、难得的母亲。

我们要怎么陪伴来访者在夫妻关系中创造她想要的关系？我喜欢使用很多开放、好奇的对话（不管是叙事的对话，还是后现代的对话），陪伴来访者不断地打开对话空间，然后一步一个脚印，慢慢往前走。

最后，我想再次感谢咨询师提供的这个案例。当提案人所提的来访者是自己的时候，这是很有压力的。而正是因为咨询师的坦诚，她才可以顶着这么大的压力和我们讨论这样一个现代家庭经常会遇到的议题，让我们能进行深刻的探讨和学习。

练　　习

婚姻伴侣关系的愿景

当两个人决定走在一起，共同生活时，双方都带有很多宝贵的资源和愿望。该练习涉及对关系的愿景，夫妻/伴侣可以通过这个练习，一起创造彼此想要的家庭生活。

1. 当你们年纪大了，回头看这段婚姻时，你们觉得什么样的婚姻关系和婚姻生活会让老年的你们满意？
2. 你们分别可以为这个家带来哪些帮助和贡献？
3. 在婚姻生活中难免会遇到困难，当你们遇到困难时，你们最希望伴侣如何支持你？
4. 两个人在一起过日子，逐渐会发现彼此的不同和差异。你们希望伴侣如何与你们的差异相处？
5. 每对夫妻吵架的方式都不一样。你们认为哪种吵架能保护你们的婚姻关系？

6. 你们会如何感谢彼此愿意在婚姻关系中携手同行？

结语

做完这个练习之后，夫妻两人分别分享做这个练习的感想。

案例三督导思维导图

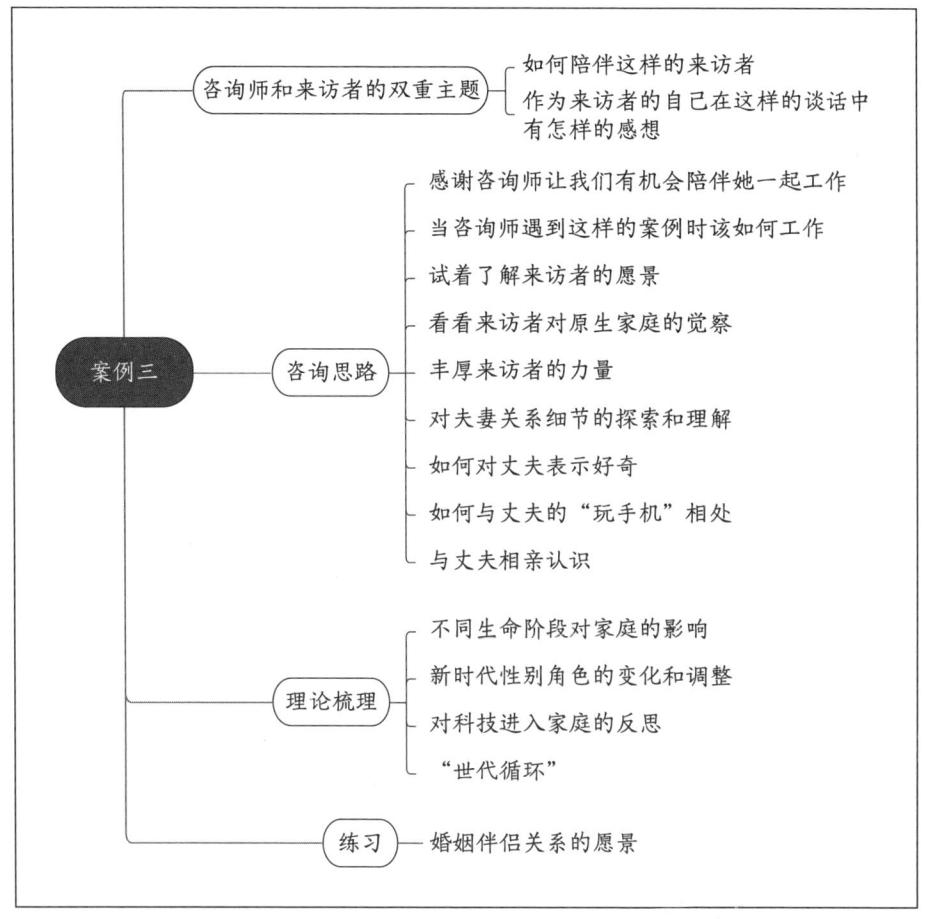

思维导图绘制：吴秀蕊

案例四　探索关系"危机"中的新"希望"

婚姻是多元文化融合的一种形式。在婚姻中，每种文化可以适得其所，每个人可以安身立命。

在本案例中，孩子出生后来访者的父母到家中帮忙。由于母亲的到来，家庭矛盾开始出现。两代人的教育背景不同，生活习惯有差异，甚至连信仰都是冲突的。如此多的不同，让家庭纷争不断，也让夹在妻子和母亲中间的丈夫（儿子）陷入两难。

这位愿意求助咨询师的男性，是很用心的。不论是对于他想做个好爸爸、好丈夫、好儿子，还是家庭的男主人的愿望，我们都要先给予肯定，先陪来访者看见他曾经做过的努力。

当来访者求助咨询师的时候，他可能已经被一些困难淹没，觉得特别无助、难受。所以在咨询开始时，可以通过好奇的问话让目标故事更加立体化。我们可以丰富三个咨询目标，一是融洽的夫妻关系，二是做一个好爸爸，三是给孩子一个温暖、充满爱的家庭成长环境，这些目标里都包含着来访者对生活的期待和向往。

接下来，我们可以和来访者展开关于夫妻关系中的"不容易"的对话，探寻来访者的家庭因为婆媳的种种差异而带来的困难之处，陪来访者理解关系，理解争吵的脉络，理解其背后的心意。

和来访者进行了上述对话之后，我们一定要关注来访者本人，看看这样的谈话对他应对压力和管理情绪是否有帮助，是否有助于调节他的高血压症状。最后和来访者讨论父母对孩子的陪伴议题，让来访者的期待和心意能够表达出来，再一次打开家庭的对话空间。

这是一位在痛苦中看到未来愿景的丈夫，这个来访者特别值得被尊敬。咨询可以陪伴来访者创建他想要的未来，以及想要的家庭和婚姻关系。

个案报告

一般资料

来访者为职场男性，家里有三口人，孩子上初中。

来访原因

婚姻中争吵不断，婚姻陷入困境。

来访者的心理困惑

来访者自述在婚姻中，夫妻二人经常因为孩子的教育、生活习惯、信仰问题争吵不断，婚姻陷入困境。

孩子出生后，来访者的父母来到他们的小家庭帮助照顾孩子。在照顾孩子的过程中，来访者的母亲和妻子之间不仅会因为孩子的教养问题产生矛盾，还会因为母亲评判或批评妻子的一些生活习惯而产生矛盾。而且在信仰方面，妻子的信仰和母亲的信仰有冲突。来访者认为自己的母亲年纪大了，妻子应该听母亲的。但是来访者也知道，让妻子让着自己的母亲，妻子心里很不舒服。来访者夹在中间比较为难，感觉有很大的压力，情绪有时也很难控制。后来，因为矛盾重重，婆媳吵架之后，来访者的父母回老家了。

现在，当他教育孩子的时候，妻子总是出来指责或批评他的教育方式，两人就会因此发生争执。而且他说什么，孩子都不愿意听。他对婚姻很失望。

来访者人到中年，又有高血压，想通过心理咨询看看如何面对家庭的重重矛盾，希望夫妻关系融洽，希望自己能做一个好爸爸，给孩子一个温暖且充满爱的家庭成长环境。

咨询师的困惑

1. 来访者不善言辞，对于家庭付出了很多，可在家庭关系中处于被动地位，如何才能在咨询中让他意识到一切改变源于自己？

2. 在来访者的家庭中存在隔代养育的情况，还有一些交叉的复杂关系。这个案例让咨询师感到困惑和焦虑，咨询师在应对上也有一些困难，希望熙珏老师能够提供一些帮助。

熙珏老师的回应

我看见的案例与咨询师

我觉得来访者是一个用心的男性。我们可以先给予肯定，不论是对于他想做个好爸爸、好丈夫、好儿子，还是家庭的男主人的愿望。当来访者带着困难的议题或家庭议题来找咨询师的时候，虽然咨询师可能不一定知道用什么方式陪伴来访者，但我认为一开始看到来访者的这种意愿和用心，对来访者来说是一种鼓励。所以，咨询师可以陪伴这位男性来访者看见他自己的努力，这特别有意义、有价值。

来访者开始探索：他的家庭怎么了；他和妻子的关系怎么了；他和孩子的关系怎么了；妻子和自己的母亲发生冲突时，他有什么为难之处；他的身体状况怎么了；他的情绪怎么了；人到中年的他感觉家庭矛盾重重，该如何是好。我觉得这是一位特别有远见的来访者。虽然他不善言辞，在家庭关系中是一个被动的角色，但他愿意主动来做咨询，来面对他的家庭，愿意通过咨询做出改变，同时也在思考如何为未来的家庭努力，尽管这一切改变可能并不容易。

有时当一些男性遇到此类家庭关系议题时，可能会觉得很累、很烦，会用"不想管"或"放弃"的方式做出回应。但是，这位来访者却愿意在关系陷入困难的时候来找咨询师。我认为这位男性来访者的觉察和付出的努力都特别难得，这也是咨询中特别重要和珍贵的东西。

我越发觉得，来访者和咨询师谈谈生活中的困难，是一件特别宝贵的事情。在咨询中，在咨询师的聆听和好奇之下，来访者可以好好地表达、梳理，通过对话对自己有更多的理解，然后和咨询师共同探索接下来该怎么前行。人们的想法需要流动，才能更好地在理解困难的过程中寻找和创造生机。

丰富咨询目标

通常，当来访者求助咨询师的时候，他们可能被困难淹没，特别无助、特别难受。此时，咨询师对来访者的陪伴十分重要。在咨询开始的时候，可以多花一些时间谈论来访者的咨询目标，让目标故事更加立体化，这能让来访者更清晰地看到未来可以怎么做。

融洽的夫妻关系

在婚姻中，每个人都可以找到让自己自在的方式。以下列举了一些关于融洽的夫妻关系的问题，在问话时，可以试着让来访者多说一些。

- 融洽的夫妻关系指的是什么？
- 来访者这样的想法是怎么形成的？是观察到其他夫妻的相处，还是自己在过去的婚姻关系中有这样的经验？
- 融洽的夫妻关系可以为妻子带来什么？
- 融洽的夫妻关系可以为丈夫带来什么？
- 夫妻二人在这样的融洽关系里，会体会到什么？
- 当父母关系融洽时，孩子会看到什么？
- 父母关系融洽可能给孩子带来什么？
- 父母关系融洽可能给整个家庭带来什么？

目前，尽管这对夫妻还没有处于融洽的状态，但是我认为，通过问话把融洽的场景展现出来，对来访者来说是重要的。

做一个好爸爸

可以让来访者谈谈如下方面。

- 做一个好爸爸指的是什么？
- 来访者这样的想法是怎么形成的？
- 在为人父母的过程中，他是否曾经感觉自己是一个好爸爸？那时，他带给孩子的是什么？和孩子的关系怎么样？
- 这样的好爸爸与来访者内心的心愿有怎样的联系？
- 成为这样的好爸爸会让来访者在看待自己时有怎样不同的想法？

给孩子一个温暖、充满爱的成长环境

这个目标特别宝贵。可以请来访者谈谈如下方面。

- "温暖"是什么？"温暖"在生活中会怎样呈现？
- "爱"是什么？"爱"在生活中会怎样呈现？
- "温暖"和"充满爱"的家庭环境可能会让孩子如何成长？

来访者在进行如上谈话时，这些目标可能还没有出现，只是他的愿望；也有可能在来访者的生活中，有些目标已经在不同的时候出现了，只是来访者与目标的距离比较远。如果有机会让来访者好好说，让这些目标可以被好好地看见，那么来访者与目标的距离就会越来越近。

对夫妻关系的理解

在这个案例里，来访者感到婚姻困难重重。关于来访者对夫妻关系的理解，也可以进行陪伴和对话。不是告诉来访者应该怎么做，也不是改变他，

让他马上接纳他的妻子，而是贴近他，试着让他有机会谈谈自己，也从他的角度看看他的妻子，看看这段关系。

第一，看看夫妻关系中的不容易。
- 来访者在面对妻子的过程中，最不容易的地方是什么？
- 来访者对妻子的理解是什么？他感觉到妻子不容易的地方是什么？

第二，看看对夫妻差异的理解。我会分三个部分来看夫妻差异：①教育，②生活习惯，③信仰。这是在婚姻咨询、婚姻治疗中常常出现的议题。用简单一句话说就是：夫妻有别。

因为教育的差异而导致夫妻关系破裂；因为生活习惯的差别，而让两个人很难相处；因为信仰的不同，而让彼此产生很大的距离。这些是在婚姻咨询中经常要探索的东西，也是夫妻生活里常常出现的议题，所以我觉得咨询师提的这个案例非常具有普遍性。

关于教育的对话

父母对于怎样陪伴孩子学习会有很多看法，首先很重要的是理解对方的看法。我们可以看看如下方面。

- 来访者对教育孩子的看法是什么？他最想给孩子的是什么？
- 来访者对教育孩子的看法是怎么形成的？这种看法和他过去的生活和受教育经验有怎样的联系？
- 来访者的妻子对教育孩子的看法是什么？妻子最想给孩子的是什么？
- 来访者的妻子对教育孩子的看法是怎么形成的？这种看法和妻子过去的生活和受教育经验有怎样的联系？
- 来访者和妻子在教育孩子的看法上有所不同，是怎样的不同？
- 当夫妻双方在教育孩子方面意见不合时，怎样表达会导致夫妻之间的争吵？怎样表达不会导致争吵？

- 关于孩子的教育问题的争吵，对于夫妻关系的影响是什么？
- 他们是如何在争吵中作为夫妻共同生活的？又是如何在争吵中为人父母的？
- 来访者最辛苦的地方是什么？妻子最辛苦的地方又是什么？

父母的教育理念背后有很多丰富的东西。通过对话，我们慢慢地理解来访者，陪伴来访者进行梳理，引导他看看他理解中的妻子是怎样的，引导他去理解争吵的脉络。

每一位为人父母的人，都想把最好的东西给自己的孩子。当自己认为好的想法不被允许给孩子的时候，就好像一些善意的力量被阻挡在了墙外。这样确实会让人感到不被理解，感到很辛苦。这时，咨询师的工作主要是贴近来访者，理解他在为人父母的过程中，因教育理念的差异而与伴侣产生争吵或冲击的时候真的很痛苦。

咨询师可以陪伴来访者给妻子写一封信，陪伴夫妻就教育议题探讨如何把共同的力量给孩子。孩子能够拥有父母双方的力量是一件非常幸福的事情。

案例报告中提到这位来访者不善言辞，因此我认为通过写信的方式可以让他把想法表达出来。

另外，可以让来访者试着和自己的家人、伴侣分享咨询中的这些关于关系的对话。

如果夫妻双方能一起做夫妻咨询，固然很好。但如果不能一起做夫妻咨询也没关系，可以让来访者通过咨询在家里打开不一样的对话空间，这对于家庭关系也是很有意义、很有价值的。

我在这里分享的一些对话思路一般而言是在咨询室里进行的。但我想，在我们的文化脉络下，似乎也可以在家庭里试一试。有时候，来访者遇到很大的困难，而他的伴侣又无法或不愿意参加夫妻咨询，那该如何让来访者通过咨询和他的伴侣对话呢？根据我的经验，陪伴来访者在咨询中给伴侣写一封信是一种很好的方法。作为心理咨询师，长久的专业训练让我们能很敏锐地体会来访者的感受，了解来访者的期待，同时也能产生很多细致的想法，我们可以与来访者共同讨论，既贴近来访者，也贴近"收"信的人，让这封信带来新的可能性。

写这封信的目的绝对不是批评妻子或家人，而是打开一个理解的空间，让大家都可以有参与到生活中的可能性。我准备了一封信，可供参考，你也可以陪伴来访者写出适合来访者的信。

给妻子的一封信

老婆：

　　好像从来没有给你写过信，但近来因为教育孩子的事情，我想和你说说我心里的想法。

　　首先，我要说，自从我们结婚以来，我看到了你对这个家所尽的责任、对这个家的付出、对孩子的抚养、对我的照顾，以及对我爸妈的照顾。但是，我似乎很少对你表达我的感谢。今天，我要在这封信里，对你这么多年的努力以及你的心意表达感谢。

　　我知道你很爱孩子，也很用心地把最好的东西给我们的孩子。孩子有妈妈的疼爱，总是很幸福的。但近来作为爸爸的我，在这个家里越来越难受。因为我想给孩子的东西是不被允许的，也许我对教育的想法不太完善，但我希望孩子是可以接受、尊重爸爸的。如果你不同意我的想法，我们可以私下讨论，我也愿意听听你的想法。当你当着孩子的面批评、指责我的时候，我觉得自己很没面子，也担心在孩子的眼里，我是一个不值得被尊敬的父亲，孩子也不会想听我的想法。

　　我一直不知道该如何表达我内心的这些想法，但我觉得如果我再不告诉你，我的内心会更痛苦。你是这个家的女主人，你非常重要。在这个时刻，我特别需要你的理解。

　　我们的孩子有妈妈的爱和保护，特别幸福；我也希望我们的孩子，可以同时有爸爸的支持和关怀，虽然这个爸爸有不完善的地方。这封信的用意，不是要指责你，毕竟我们在一起生活十几年了，你总是在付出。只是随着孩子的长大，我们教育理念的不同，难免会让我们产生冲突。

在孩子小的时候，可能当时的我对孩子的教育没有太多想法。但随着孩子长大，面对激烈的竞争，我也有我的担心和顾虑。我觉得我们因孩子的教育产生冲突，是因为我们都太爱孩子了，生怕我们的孩子在成长过程中遗漏了什么，输给其他人。因此，我们各自据理力争，而这样的据理力争其实影响了我和孩子的关系，也影响了我们的夫妻关系。

我最近看了一些关于教育的书，书中的专家提到：父母的教育理念有差异是非常常见的。专家提到，父母差异是一件很重要的事情。孩子可以从爸爸和妈妈身上学到不同的视角，这会让孩子的想法更丰富。正因为不同，我们也可陪孩子看看，什么时候采纳妈妈的想法比较好？什么时候采纳爸爸的想法比较好？让孩子思考，让孩子学会在不同时候，用不同想法来学习和成长。当孩子探索出不同于爸爸和妈妈的想法，并且在这个过程中学习和成长，这也会促进孩子的思考，并带给孩子更多的启发。

我写这封信最主要的目的是想看看，我们可以如何成为抚养孩子的团队。我们如何能齐心协力，共同支持我们的孩子长大。虽然在对孩子的教育上，我们有不同的看法，这可能与我们各自重视的价值观有关。但我知道，我们都关心孩子，想尽自己的力量给孩子最好的。我想，你一定同意这样的观点：我们共同陪伴孩子长大，比在竞争的关系中争论谁的想法更适合孩子，对孩子的成长更有益。

现在，因为养育孩子的事情而产生的冲突也在影响我们夫妻的关系。尽管夫妻有一些冲突是很自然和正常的，但随着孩子的长大，我们的矛盾和冲突似乎越来越多。现在我们的关系紧张，有距离。我常常想，我们有冲突也是因为想帮孩子啊！我也在想，以后孩子会长大，会有自己的家庭，当就剩下我们两个人生活在一起的时候，我们该怎么办？所以，我不希望我们的夫妻关系因为对孩子教育方法的不同而破裂，我还是很怀念我

> 们之间过往的感情和对彼此的关心。
>
> 　　信的内容有点多，你看得可能有点累。但我最想说的是：在这个家里，你是非常重要的女主人，是重要的妈妈！另外，我也想说：你对我非常重要！我需要你！我需要你一起去经营这个家！
>
> 　　在写这封信的时候，我挺紧张的，因为我不知道你看了之后会怎么想。先写到这儿吧，感谢你为这个家付出的一切！
>
> 你的老公

　　根据我多年的咨询经验，我认为夫妻之间产生冲突，有一个很重要的原因是内心的话无法和对方说，或是内心脆弱的部分、内心的痛苦无法和对方说。所以，在婚姻咨询里，我一直努力让来访者通过与我的安全关系，开始说出内心的话。

　　当来访者没有机会把内心的话说出来的时候，关系似乎就"卡住"了，因为双方都不理解到底发生了什么事情。而当来访者把内心真实的话说出来的时候，关系似乎就"通畅"了。写这封信的目的不是用丈夫的痛苦来攻击妻子，而是通过对话让妻子看到，丈夫感到痛苦是因为丈夫在乎妻子，在乎这个家。然后，邀请妻子理解丈夫的痛苦。我认为，在夫妻咨询中，咨询师陪伴来访者看到夫妻双方在彼此心中的地位，这是非常宝贵的。

　　另外，夫妻在对话中可以打开感动的空间。不是攻击的空间、责怪的空间，而是一个看到对方的重要性的空间。有了这种感动的时刻，夫妻二人就有继续前行的可能性。冲突不可怕，如何通过冲突找回夫妻关系的力量和对关系的理解才是重要的。

　　当然，如果来访者可以邀请妻子加入咨询，我们就可以通过多元文化的视角进行夫妻咨询。

　　在夫妻咨询中，如何丰富夫妻双方的力量？可以让夫妻双方看到，两个人在一起就是力量。像这样愿意共同参加咨询、谈论家里的困难、探讨挑战的夫妻，就是勇敢的夫妻。因为很多夫妻不敢谈论这些困难，很多人可能会对困难置之不理。所以，夫妻愿意一起参加咨询，就很不简单。

如果该案例中的这对夫妻可以一起来到咨询室，我们不要比较双方的想法，而是让他们各自都有机会表达自己的想法。一定要去肯定、去欣赏，肯定他们各自对教育的见解，肯定他们对孩子的心意。允许他们的教育观存在差异，让多元的教育观在这个家庭中流动。不同的想法需要被看见。我们可以探寻妻子对教育的看法，探寻丈夫对教育的看法，探寻这些看法是怎么形成的，探寻这些看法与他们的成长经验有怎样的关联，从而打开关于教育的对话空间。

- 可以如何整合他们各自宝贵的教育观？
- 什么时候妻子的想法是适合的？
- 什么时候丈夫的想法是适合的？
- 什么时候需要探索新的想法，用新的想法与时俱进地陪伴孩子长大？

夫妻之中，任何一方的教育理念都不应该被否定。他们的想法在咨询空间里都应被珍惜和尊敬。陪他们共同看看，他们各自的想法有什么价值和意义，这些有价值和意义的想法在什么时候使用合适？在什么时候使用可能会带来一些挑战？这样的对话能促进夫妻对各自教育观的反思。

父母都想给孩子最好的，只是因为时代变化太快了，可能父母还需要看看这个时代新出现的一些教育理念，或者听听孩子的想法。这种关于教育的讨论一旦开启，父母双方都会觉得受到尊重。

- 当孩子长大后，发现父母愿意为孩子的成长而努力协调，长大后的孩子会如何感谢父母今天的努力？
- 请夫妻二人都谈谈，如果夫妻俩愿意协调，对孩子最大的帮助是什么？
- 请夫妻二人都谈谈，如果夫妻俩的教育理念在协调中达成一致，对于未来也需要进入婚姻、承担起育儿的责任和义务的孩子来说，最大的启发是什么？

父母的努力不知不觉中会影响孩子。所以，如果父母能够以真诚和尊重的态度坦诚地面对彼此的隔阂和冲突，会打开更多的对话和理解的空间。

生活习惯的不同

针对生活习惯的不同，可以看看如下方面。

- 夫妻俩生活习惯的不同，给他们带来了什么困难？
- 两个人在一起生活时，有哪些生活习惯是能够调整的？
- 对来访者来说，哪些生活习惯调整起来比较困难？
- 对妻子来说，哪些生活习惯调整起来比较困难？
- 结婚十多年以来，来访者和妻子在生活习惯上有怎样的心得？有怎样的体会？
- 来访者的原生家庭的背景是什么？有哪些重要的生活习惯？这些生活习惯对来访者的重要性是什么？
- 妻子的原生家庭的背景是什么？有哪些重要的生活习惯？这些生活习惯对妻子的重要性是什么？
- 当来访者和妻子的两种不同的生活习惯碰撞在一起的时候，最希望对方理解和允许的是什么？（*不同的生活习惯也需要磨合。*）
- 双方的哪些生活习惯是夫妻二人在这些年的婚姻生活中比较容易适应的？"比较适应"指的是什么？"比较适应"给夫妻关系带来的帮助是什么？
- 有哪些生活习惯让夫妻二人适应起来比较困难？关于这些"适应困难"，是不是可以多说一点？适应比较困难的地方，给夫妻关系带来了什么影响？（*虽然有些生活习惯不容易适应，但是当夫妻去调整的时候，可能也会给他们的关系带来一些流动。*）

- 在不同的生活习惯下共同生活，夫妻俩最不容易的地方是什么？

很多人都说，如果两个人的生活背景比较相似，在一起生活时，在生活习惯方面需要磨合的地方就没有那么多，可能就不会那么辛苦。但并不是每一对夫妻都属于这种情况。很多夫妻来自不同的背景，有不同的生活习惯。有些生活习惯，可能会让伴侣很不适应，这就会带来一些冲突。所以两个人共同探索特别重要。

- 当来访者变成老人的时候，看到"年轻的自己"进入婚姻，与妻子有生活习惯的冲突，"老年的自己"会对"年轻的自己"说些什么，会怎样支持、关怀、陪伴"年轻的自己"？（当我们在当前的情境中感到"卡住"时，通过想象未来的自己、老年的自己、十年后的自己、二十年后的自己来陪伴现在的自己，似乎就会产生新的想法。）

如果妻子可以和丈夫一起参与夫妻咨询，针对生活习惯这一方面我们也可以和他们共同对话。咨询中一定要"去病理化"，因为就生活习惯议题而言，每一对夫妻都是独特的。每对夫妻都要找到适合他们的方式，这很重要。夫妻愿意一起在咨询中谈论生活习惯，这代表了他们对生活的关注和用心，这是夫妻关系中的资源。

很多人对生活习惯是有感情的，生活习惯于他们而言是重要的。这可能代表了他们和原生家庭的联结，可以让他们安心、放松。咨询师要试着理解夫妻各自的生活习惯，看到生活习惯背后的情感、经验和故事，打开相互理解的对话空间，而不是相互比较，这可以引导咨询向着积极的方向前行。

举个例子，有一次一个中年丈夫对我说，在他的婚姻中，他用手挠脚的习惯被妻子所允许，他觉得特别好。当他小的时候，在他们家里用手挠脚这种行为是被允许的。刚结婚的时候，他会因为用手挠脚的行为被妻子批评，他觉得特别难受。但在之后与妻子缓慢的磨合中，妻子慢慢学习怎么去接受这种行为，而他也接受挠脚之后要洗手等。

这件事让我看到：生活习惯不只是表面的，它还包括深层的情感元素，诸如童年的记忆、与亲人的情感联结等。所以，当我们不喜欢伴侣的生活习惯时，可能需要看一看，这种生活习惯对我们的伴侣而言，它的重要性可能是什么？可能我们无法让对方改变这种生活习惯，但是，通过深入彼此的生活背景，去探寻、去理解、去接纳，也许就可以建立起新的生活习惯。

- 夫妻二人可以如何理解对方不同的生活习惯对彼此的影响？
- 带着不同的生活习惯共同生活，丈夫和妻子付出了什么努力？
- 带着不同的生活习惯共同生活，怎样可以让双方相处得更好？

"生活习惯"是夫妻关系里一个很宝贵的东西，因为它时时陪伴着我们，支持着我们往前走。大多数幸福和谐的夫妻，都是通过磨合慢慢创造双方都适应的生活习惯的。

陪伴来访者的信仰

导论中并未提及信仰这个多元文化元素，但是信仰也是多元文化里一个很重要的主题。有一些夫妻因为信仰的问题需要咨询；甚至有一些夫妻因为信仰差异而分崩离析，最终离婚。

我们可以探寻，对于来访者的信仰、他母亲的信仰，他重视的是什么；在有这种信仰的家庭环境中成长给来访者带来的是什么；给家庭带来的是什么。

信仰对人们来说，不仅是一种情感联结，还有很深的生命价值和意义。所以信仰需要被理解，而不是被改变。

- 来访者希望自己的信仰可以如何被尊重？
- 妻子的信仰是什么？妻子重视的是什么？
- 在妻子的成长历程中，有信仰的家庭环境带给妻子的是什么？
- 信仰给妻子的家庭带来了什么？

- 妻子希望自己的信仰如何被尊重？
- 来访者觉得和妻子在信仰上冲突比较大，指的是什么？
- 在信仰冲突中，双方最需要对方理解的是什么？
- 来访者认为如何面对夫妻的信仰冲突，对夫妻关系乃至家庭关系比较好？
- 来访者的孩子有信仰吗？和妈妈的信仰一样？和爸爸的信仰一样？还是由孩子自己决定？
- 来访者和妻子最希望通过信仰带给孩子什么？希望信仰如何陪伴孩子长大？
- 妻子和来访者的妈妈信仰有冲突，指的是什么？冲突产生多长时间了？
- 妻子和来访者的妈妈信仰有冲突，这让来访者为难的地方是什么？
- 他在两名女性中间最辛苦的地方是什么？

关于妻子和来访者的母亲的信仰冲突这件事，咨询师也可以陪伴来访者给妻子写一封信。

给妻子的一封信

老婆：

　　我不知道如何开口，所以我想用写信的方式和你交流。我觉得有信仰是一件好事，可以让我们在生活中有一些依靠，有一些重要的信念的支持。

　　妈妈从年轻时就有了她的信仰，好像是因为我外婆而开始接触的（这是我的推测，事实未必如此）。所以对于妈妈来说，拥有这个信仰已经几十年了。我是妈妈的儿子，从小时候起就接触它，所以这个信仰也成了我成长的一部分。尤其当妈妈过去遇到一些痛苦的事情时，她的信仰陪她撑

> 了过去，所以妈妈的信仰可能也是她的救命恩人。随着妈妈的岁数渐增，这个信仰更是她生活中不可或缺的东西。而且她还希望周围的人也可以信她的信仰。
>
> 我曾经读过一篇文章，文中提到，世界上有一些东西不太能改变，其中一个就是信仰。也许我接下来说的话会令你有些为难。但我还是想试着跟你说，就算是我请你帮个忙吧。
>
> 对于妈妈的信仰，我知道你有不同意的地方。可能你是想要保护她，但也因为如此，你和妈妈产生了冲突。我想说，她年纪大了，不太能接受不同的思想，可否请你不要指正她？先顺着她。
>
> 我知道这么做，可能会让你感到难受，但也许你可以把对妈妈的信仰的不同意见告诉我。我知道，我有时也会因为信仰的事情和你起冲突，如果你把想对妈妈说的话跟我说，你就是在帮我的忙，我会记得的。
>
> 对于你的不同意见，我也要多听一听。听你说出你的不同想法，也能让我明白一些我原本不以为然的东西。你是我的老婆，你对妈妈也很重要。你是个很有想法的女性，表达能力也很好，所以当听到一些你不同意的想法时，你会说出来，这也是你的一个很大的优点。只是在妈妈的信仰这件事上，就让你多费心了，把想和妈妈说的话，和我说一说，我也要学会聆听，聆听你对信仰的不同看法。
>
> 来自两个不同家庭的人成为一家人很不容易，要磨合的地方特别多，辛苦你了，也让你费心了。我总是在内心默默感谢你。
>
> 你的老公

咨询师在汇报案例时补充说：有时候，来访者的母亲会评判妻子的教育方式、生活习惯和信仰，这可能也会给妻子带来一些压力。来访者夹在两人中间很不容易，妻子也很不舒服。这些新信息需要被重视，妻子的不舒服也需要被看见。

我在准备这封信的时候，还没有得到咨询师提供的这些新信息。我原本以为妻子只是和来访者的母亲在信仰上有冲突。但是在听了咨询师的补充信息之后，我觉得这封信不一定合适。因为母亲会评判妻子，所以我们可以看看妻子的不容易，关心妻子。但我依然把这封信放在这里，希望能通过写信的方式在关系中找到一些资源，看看可以怎样让信仰冲突慢慢地发生一些变化。

如果夫妻二人可以一起做咨询谈论信仰这个议题，那他们就可以感谢彼此，感谢对方愿意一起面对信仰的差异和挑战。这是为夫妻关系和家庭关系而付出的努力，特别珍贵。通过谈论信仰去看夫妻的关系愿景，是咨询中很有意义的事情。

咨询师可以邀请夫妻一起谈谈信仰这个主题在生活中会怎么出现，怎么让各自的信仰在对话中被听见和理解，探寻双方各自的信仰对他们生活的重要性，同时请他们表达希望对方可以怎样面对自己的信仰。

关于妻子和来访者的母亲在信仰方面的冲突，可以请来访者在咨询中读上面的那封信，理解妻子的为难之处，同时请妻子帮忙。我认为请妻子帮忙，可能也会改善婆媳关系。来访者多听听妻子在信仰方面的不同想法，当夫妻愿意聆听对方时，关系可能也会改变。

信仰是夫妻咨询里一个很重要的主题，也是一个很敏感的话题，它会给世界上很多不同的夫妻带来冲击。两个信仰不同的人结婚，如果一开始时就能够针对信仰的差异进行对话，看看两个持有不同信仰的人可以怎么在一起生活，需要怎样的允许，需要怎样的创造，把未来可能因信仰不同而遇到的一些问题在结婚前就找机会讨论，做一些准备，就可以减少信仰给未来的婚姻生活带来的困难。

回到来访者个人身上

对于来访者的压力，可以看看如下方面。

- 前文提到的咨询方向,对于减少来访者的压力可能有什么帮助?
- 压力是否也是"顾问"?聆听压力的声音,聆听压力的建议。
- 压力需要主人怎样聆听它?怎样关注它?

对于来访者的高血压,可以看看如下方面。
- 前文提到的咨询方向,对来访者的高血压可能有什么帮助?
- 高血压需要主人怎样聆听它?

像压力一样,高血压也可以成为"顾问",我们可以在外化拟人化的问话中,聆听高血压内在的声音和它的建议。

来访者还说很难控制情绪,针对这一点,可以关注和探寻如下方面。
- 是什么让来访者觉得情绪很难控制?
- 前文提到的咨询方向对于情绪可以起到怎样的支持作用?
- 在情绪很难控制的时候,可以怎么与情绪聊天?

不管是来访者的个体咨询,还是夫妻咨询,在夫妻关系通过咨询逐步改善的过程中,也许在未来的某一个阶段,妻子也可以与来访者的情绪聊聊天。
- 情绪,你还好吗?我做了什么让你难受?
- 你觉得,我怎么与你在一起,会让你感觉比较好?

我认为妻子如果可以和丈夫的情绪对话,那将是一个很感人的过程。不只是聆听,妻子甚至可以成为关照丈夫情绪的顾问。

陪伴父母和孩子的工作

当夫妻工作促进了夫妻彼此的理解和关系后,也可以看看父母与孩子的关系,并在这个层面上开展工作。

来访者提到妻子在教育孩子的时候会指责他,孩子也不听爸爸的话。针对这一点,父母可以一起给孩子写一封信。

给孩子的一封信

亲爱的宝贝:

你出生以后,爸爸妈妈还从来没有给你写过信。最近,爸爸妈妈有一些想法想和你分享。爸爸妈妈最近探讨、整理了一下我们全家人的关系,想看看我们大家过去的关系模式有哪些地方可以调整,以及怎样调整对我们的家庭会更好。你现在上初中了,可能也有对家人关系的想法,你可以告诉我们。

爸爸妈妈都很爱这个家,也非常爱你。正是因为我们都很爱彼此,所以当无法达成一致时,我们难免会有一些冲突。有时候,这些冲突可能也会给你带来压力。例如,妈妈在你面前批评、指责爸爸的教育方式时,你很自然地会觉得爸爸的教育方式不好,也倾向于以后不再听爸爸的话,但其实妈妈希望我们每个人在家里都能受到尊重。虽然家庭里避免不了冲突,但尊重是必须的。我们每一个人一生只有一个爸爸,尊重爸爸会让我们有机会看见爸爸的许多"宝藏"。特别是你的爸爸,他非常爱你!在此,妈妈也要向你道歉,作为妈妈,不该在孩子面前批评爸爸。以后妈妈也会在学习中成长,当和爸爸有冲突的时候,仍然尊重爸爸,不否定爸爸在你心目中的地位。就像爸爸在和妈妈有冲突的时候,爸爸不会在你面前批评妈妈一样。

希望这封信能让你明白:我们希望你爱妈妈,也爱爸爸。如果因为大人的原因,只允许孩子爱一个人,那对孩子是不公平的。

如果你有问题可以再问我们哦。

永远爱你的爸爸妈妈

父母可能需要进行很多对话，做很多准备工作，看看如何让爸爸和孩子的关系产生一些变化。当妻子在咨询里看到自己的重要性时，妻子也会在乎孩子和爸爸的关系，让这种关系向好的方向发展。

在写这封信的时候，需要考虑如何表达可以让初中的孩子理解，而不增加他的负担；如何表达可以在不做过多过于复杂的解释的前提下，打开对话的空间。写完这封信之后，全家人如果可以一起对话，那是很好的。然后，咨询师可以再陪伴全家人看看大家可以如何生活在一起。

结语

妻子如果是一个很喜欢表达的人，也许会给关系带来冲突，但是咨询师可以激励丈夫在多元冲突中，看到自己想要建立怎样的家庭关系，包括夫妻关系、亲子关系、婆媳关系等。

这是一位在痛苦中看未来愿景的丈夫，这个来访者特别值得被尊敬。咨询师可以陪伴来访者创建他想要的未来，创建他想要的家庭和婚姻。

咨询师的回应

非常感谢熙珺老师从五个方面对这个个案做回应。在听老师分析案例的时候，咨询师内心就非常感动，尤其当听到给妻子的两封信的时候，咨询师掉下了眼泪，在听夫妻双方写给孩子的信的时候，咨询师也深受感动。

老师提到的这五个方面让咨询师对个案有了一些初步的想法，也让咨询师在未来的咨询中可以带着更多好奇心去理解来访者。非常感谢老师对咨询师的帮助，咨询师分享一些自己在咨询成长历程中的个人感受。

咨询师在2013年底开始学习心理咨询，花了一年的时间学习咨询课程。

在学习过程中，购买了《熙珺叙语》①这本书。在这本书里，熙珺老师对成长中的咨询师给予坦诚、温暖又直言的忠告，对咨询师影响很大。今天有幸能够请熙珺老师为咨询师的这个个案做督导，咨询师感到非常高兴。就像熙珺老师说的，我们要带着好奇的心态去了解、看到来访者不容易的部分，肯定来访者为家庭所做的努力，深刻体会陪伴咨询的过程，这也是促进咨询师的个人成长的过程。咨询师在此次督导中看到了叙事疗法的魅力。所以，在此向老师致谢！

关于怎样促进夫妻二人一起参与咨询，这是令咨询师比较为难的部分。用什么样的方式能够促进夫妻二人一起参与咨询？如何做才对他们更有帮助？如何做才能让咨询目标在关系中流淌？对于这一部分，咨询师有些无措，还想向熙珺老师请教。

熙珺老师再回应

谢谢咨询师的问题，我认为咨询师可以尝试以下思路。

首先，陪伴来访者找到他的力量，找到他宝贵的地方，也陪伴他看到妻子的宝贵之处、妻子的重要性。注意，并不是说妻子有很多问题而需要让妻子参与咨询。

其次，陪伴来访者看到怎样和自己的妻子在一起。在咨询结束之后，和妻子建立不一样的关系，让关系开始有一些小变化。

最后，和来访者讨论如何邀请妻子，妻子才会参与。如果妻子觉得还没有准备好，也没关系。先陪丈夫看看，他可以怎样在关系里做出一些改变。当妻子发现丈夫在咨询中开始有一些变化，当她感到通过咨询丈夫和自己说话有所改变的时候，妻子可能会想要参与咨询。

---

① 《熙珺叙语：一个心理咨询师的成长历程》（第二版）由中国轻工业出版社于2020年3月出版。

理论梳理

第一，**通过多元文化的视角打开关系对话**。伴侣/夫妻的共同生活包含很多多元文化的元素，它们是如何建构的？两个人要怎么理解对方的建构？夫妻在一起生活，不是一个容易的过程。

第二，**差异中的理解和建构**。夫妻有太多差异，该如何理解和建构？

第三，**冲突——危机中的转机**。这个来访者经受了比较多的挫折，但是他愿意为自己的家庭和婚姻生活而努力，所以也存在很多可能性和希望。

练 习

针对伴侣/夫妻共鸣及差异，我设计了如下五个问话。

- 你在婚姻生活中觉得和爱人在哪些方面有共鸣？
- 这些共鸣会为你们的关系生活带来什么？
- 你在婚姻生活中觉得和爱人在哪些方面有差异？
- 这些差异可以为你们的关系生活带来什么丰富性？
- 这些差异可以为你们的关系生活带来什么冲击性？

如果你还没有结婚，可以看看父母的婚姻；如果你已经结婚了，可以看看这些共鸣和差异，可以和你的伴侣谈谈。你和伴侣分别看到的共鸣和差异是什么？试着打开一些理解关系的空间。

结语

这个练习对于你看待自己的婚姻是否会带来一些新的启发？

案例四督导思维导图

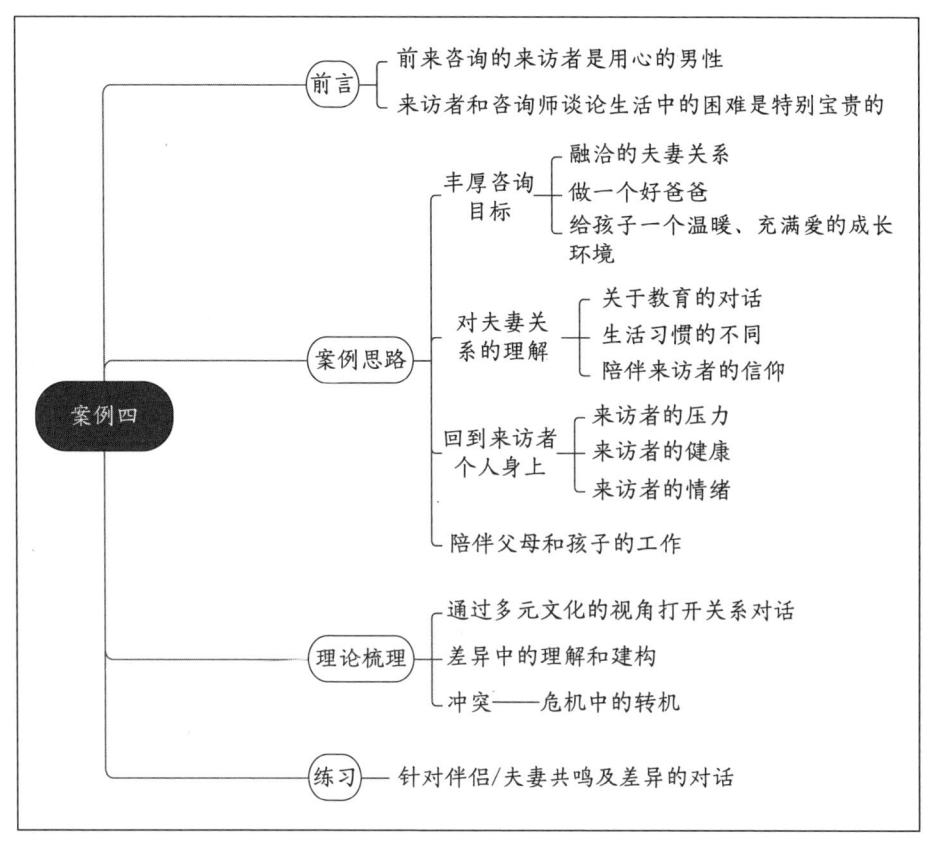

思维导图绘制：于晓阳

案例五　"强势"关系中的力量

这个案例中的男性来访者在他的关系系统里历经艰辛，我们可以看到他很多无力的地方，甚至有让咨询师都不知道如何进行下去的情形。但来访者的困难越具有挑战性，我们就越要帮助他找到力量、希望和可能性。

来访者提到妻子如果不高兴，就会不断给他打电话、发信息，不让他睡觉，一直唠叨，这似乎是造成来访者喝酒的原因之一。既然母亲担心在外工作的儿子喝酒伤身，引发肝硬化，我们可以帮助母亲思考，如何在家庭中支持儿媳，同时协助儿媳一同减轻儿子的压力。

虽然来访者的母亲只是让儿子来做咨询，自己一开始并没有进入咨询室，但我们可以和来访者及其母亲协商，未来邀请母亲参与咨询，母亲对这个家庭和儿子的婚姻也是有影响力的。

最重要的是，来访者在家庭里承担着丈夫和儿子两个角色，可以倾听他对母亲的想法、对妻子的想法，以及如何处理夹在母亲和妻子中间的三角关系，通过来访者的脉络去理解，陪他慢慢探索家庭中所有他关心的细节有着怎样的意义。

该案例还有一个突出的主题，就是"强势"。陪伴来访者探索母亲的强势、妻子的强势，也是非常重要的。在这里我们要看到属于"强势"的双重故事，不仅看到来访者被强势所影响，还要肯定其面对强势时展现出的不简单的力量和应对方法，所以这里有必要停顿并表示好奇，展开一些特别的对话，陪伴来访者看清在面对母亲和妻子的强势时他的经验和努力。如果能够邀请母亲和妻子一起参与来访者的咨询，一定可以进行更多丰富的对话，对来访者和这个家庭的未来更有价值。

来访者有很多苦楚，这些苦楚的背后隐含了来访者的许多愿望。当愿望没有机会达成的时候，那个"苦"是需要被陪伴的。来访者用酒来陪伴自己，代价过高。如果可以打开对话空间，让来访者看到整个家庭都很关心他，对他的"喝酒"习惯也会有帮助。

来访者对家庭关系特别敏锐和重视。来访者因为不满意家庭关系的现状而用喝酒来发声，来抗议，提醒家庭需要改变现状。我觉得看似无力的来访者仍然是一个极有力量的人。

个案报告

一般资料

来访者为男性，37岁，已婚，育有一女，女儿12岁。来访者的母亲为来访者预约了咨询。

来访者的心理困惑

来访者说小时候父母经常用藤条、皮带等打自己。有时候父亲打完他，还让他跪很长时间。初中的时候，来访者的学习成绩不错，但是如果考试成绩不佳就会挨打。说到这里的时候，来访者哭了，哭的声音很压抑。来访者说他现在能够理解父母打他是为了他好，但依然还是害怕父母，认为父母的话一定要听。

来访者说母亲在家中很强势，母亲说的话不能不听；妻子也很强势，脾气也不好，并且不让他听母亲的话，还经常骂他的父母，也会骂他。她心情不好的时候就会不断地给他打电话、发信息，有的时候当着家人的面，也会不停地喊他的名字，不断地叫他，有的时候一晚上都不让他睡觉，要和他讨论。每当妻子像这样唠叨的时候，他就会去喝酒，几乎每天都喝。

来访者说自己现在是下乡干部，妻子一个人照顾孩子，他感觉妻子很不容易，同时也特别希望妻子能够孝敬父母。

咨询过程描述

第一次咨询时，来访者迟到了一小时。来访者解释说迟到的原因是母亲让他来咨询，他不能不来，而妻子认为花费有点高，不让他来。在咨询的过程中，咨询师能闻到来访者身上有酒味，他说昨晚刚喝过酒，喝了很多。

第一次咨询结束后，来访者站起来说："大夫，我没有钱，老婆不给。"然后就离开了。随后，咨询师在接待室看到了来访者的母亲，母亲说自己看到儿子过马路，就来接待室等着了。母亲说是她为儿子预约了咨询，然后不停地给儿子打电话，催促他来。母亲说有几次儿子喝酒以后意识不清醒，被送到医院去接受治疗。她担心儿子的身体，担心儿子经常喝酒会导致肝硬化，所以愿意给儿子付咨询费，让儿子来咨询。她特别希望能够通过咨询解决儿子喝酒的问题。母亲说，只要儿子身体好，她就放心了。目前，母亲迫切地希望来访者能够戒酒，她很焦虑、很担心。

咨询师认为来访者母亲的声音也很重要，所以建议来访者的母亲如果有时间，可以单独来咨询一次。

本次督导的问题

来访者的母亲担心儿子的身体，希望儿子戒酒；来访者认为，婆媳关系让他特别无力，他希望妻子能孝敬父母。所以咨询师认为有以下几个咨询方向：第一，来访者与妻子的关系；第二，婆媳关系，来访者希望妻子能孝敬父母；第三，来访者与父母的关系，来访者小的时候经常被父母打，现在他还害怕父母，经常说父母的话一定要听；第四，来访者喝酒的问题。另外，来访者的妻子不支持来访者来做咨询，来访者的母亲预约了咨询，在这个过程中该如何协调？

来访者经常喝酒是面对生活的一种退缩行为，是他躲避生活矛盾或关系的一种方式。如何和来访者的这部分工作？

> 如果母亲和儿子、儿媳一起咨询，需要做什么准备？（因为咨询师感觉到来访者和妻子、母亲之间的关系的张力很大。）
>
> 改善夫妻关系、改善婆媳关系和戒酒这三个咨询目标如何进行下去？

熙珏老师的回应

这个案例中的这位男性来访者在他的关系系统里历经艰辛。我们可以如何在咨询中陪伴他探索自己的力量？我可能会有如下几个思路：看看怎么陪伴这个作为丈夫和儿子的来访者；看看来访者和母亲的对话，不一定是在咨询室中的对话，也包括他们的日常对话；看看来访者和妻子的对话；看看全家人怎么对话。这些思路的目的是打开来访者个人以及不同关系的对话空间。在家庭里，每个人都很重要，每个人对彼此也都很重要。

关于"喝酒"的关系对话

在第一次咨询中，来访者提到妻子如果不高兴，就会不断地给他打电话、发信息，不让他睡觉、一直唠叨，这好像是来访者喝酒的原因之一。既然母亲担心来访者喝酒伤身，担心他会得肝硬化，那么我们也许可以看看，在家的母亲可以怎样协助妻子减轻来访者的压力。妻子的压力减轻了，也许她给来访者带来的压力就能缓解一些，也许来访者喝酒就会少一些。母亲对来访者"喝酒"的这种行为以及身体健康，可能是可以提供帮助的。

同时，我也想到了一些系统之间的连接，比如婆婆对儿媳的支持。这样的对话，也许不一定很容易，但可以试一试。虽然婆媳两人的相处不是很顺利，但我们看到儿媳一个人带孩子，没有丈夫在身旁，一定也很不容易。看到儿媳的不容易，作为婆婆，也许可以对儿媳多些关心，少些说教。

我画了一张图（见图5.1），我想看看，怎样邀请来访者的母亲，才可以支持来访者的妻子?

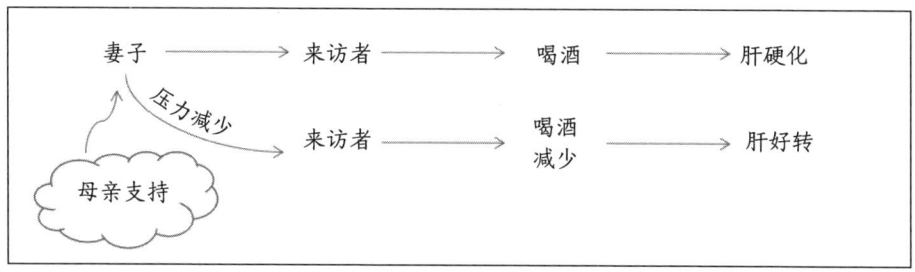

图 5.1 有关"喝酒"的关系连接

我想强调，来访者的母亲很担心来访者喝酒伤身，所以不要指责她，而是要邀请"母亲的力量"，"母亲的力量"也许可以促使母亲协助来访者去分担一些妻子的压力，这样的协助可能会使来访者的压力减少一点，酒喝得少一点，他的身体就可能得到关照。

丰富母亲的力量

虽然来访者的母亲只是让儿子来做咨询，自己并没有进入咨询室，但我们可以和来访者及其母亲协商，邀请母亲参与咨询。如果有机会，与等在接待室的母亲也可以小聊几句。在家庭治疗中，即使家人没有进入咨询室，我们也可以争取一些机会稍做交谈。谈谈母亲对来访者身体的关心和担心，看到她是一个特别关爱儿子的母亲，不仅愿意为儿子付咨询费，还督促儿子来做咨询。

- 母亲在这个家庭中的重要性是什么？
- 儿子下乡不在家，家里只有儿媳和孙女，母亲肯定需要关照一家人，在这个时候，母亲最不容易的地方是什么？
- 儿媳和孙女同父母一起住，还是单独住？如果是单独住，儿子下乡，儿媳和孙女留在老家，她要关照她们，她不容易的地方是什么？

与来访者对话

可以从男性的角度理解来访者对母亲和妻子的想法。我可能会和来访者谈谈以下方面。

- 妻子不让来访者做咨询，认为花费太高。从这里可以看出妻子是一个勤俭持家的人。妻子的节省，对这个小家庭的帮助是什么？
- 尽管妻子不让来访者来咨询，是什么让来访者在母亲约了咨询之后，仍然在妻子不同意的情况下来咨询？（很多人都是在困难中前进的，通过这样的问话也许能看到来访者的努力。）
- 母亲约了咨询，来访者说不能不来。在这里，"不能不来"指的是什么？

我也会和来访者一起探索母亲的强势以及来访者和强势的母亲的关系。

- 母亲很强势，指的是什么？
- 来访者在成长过程中，体验到了母亲的哪些强势？这些强势对来访者的影响是什么？（虽然我们似乎都觉得自己了解"强势"，但还是要邀请来访者，从儿子的角度说说：他体验到的"强势"指的是什么？这是来访者和母亲的强势的关系。）
- "母亲说的话不能不听"，来访者是从什么时候开始有这种想法的？
- 来访者听母亲的话，对来访者的帮助是什么？这会为母亲带来什么？对母亲的支持是什么？
- 来访者在不同的成长阶段，和母亲的强势的关系是什么？有怎样的变化？在不同的成长阶段，来访者有什么不同的看法、不同的面对方式？

在这个部分，我希望打开来访者对母亲的强势的对话空间，让他有机会通过诉说去分享、整理,从中看到自己的一些经验。

来访者提到他在初中的时候学习成绩还不错,可是考试成绩不佳的时候会被父母用藤条或皮带打。一般情况下,我们会认为父母体罚孩子是不好的。从现代儿童青少年心理学的角度来看,父母的体罚的确会给孩子带来一些困难和挑战。但是在这个来访者的分享中,他对"打"的诠释是父母为他好。所以咨询师不要先入为主地认为"打"肯定是不好的,而是要贴近来访者,看看他体验到的"打"是怎么为他好的?好在哪里?也可以慢慢地陪伴来访者看看不同的经验。

- "为他好"指的是什么?
- 为他好的"打"带给他的是什么?
- 现在已经 37 岁的来访者,看到那个时候的自己,有没有想对"初中被父母打的"自己说的话?(*在陪伴来访者的故事的时候,要贴近他的脉络和他对话。*)
- 初中的自己听到现在的自己说的话时,初中的自己是否想说些什么?现在的自己听到了之后,想怎么回应?

重视来访者的经验,重视他使用的文字和语言。我感觉,来访者体验到的"打",带有父母为他好的心意。这个"打"和别的"打"是不一样的。

看看来访者与妻子的关系

从来访者第一次来咨询室时的表达可以看出,来访者看到了妻子一个人带孩子的不容易,来访者的这种看见,会如何支持他和妻子的关系?在婚姻关系中,我们往往需要通过一些过程、一些事情,来理解我们的伴侣,理解我们的爱人。所以我们可以创造一个对话空间,陪伴来访者看看妻子在各种各样的情境中的状态,看看他对妻子的理解是什么?有什么样的感想?

- 妻子的脾气是怎么形成的?

- 来访者对妻子"脾气不好"的理解是什么？
- 妻子对"自己脾气不好"的看法是什么？
- 妻子和女儿在一起的时候，妻子的脾气会不会不一样？如果不一样，这种差异是怎么形成的？（也许在不同的关系或不同的情况下，妻子的脾气有所不同。）
- 面对妻子的脾气不好，来访者最不容易的地方是什么？
- 在什么情况下，妻子的脾气会好一些？
- 妻子最在乎的是什么？重视的是什么？
- 妻子通常会为了什么事而不高兴？
- 发生了什么会让妻子在不高兴的时候，一定要打电话给来访者？虽然妻子不断打电话、发信息，不让来访者睡觉，让来访者感到很辛苦。但是妻子可以通过这种方式和来访者说话，甚至来访者半夜牺牲睡眠来倾听妻子不高兴的表达。这种联结对妻子的支持是什么？
- 和来访者的联系以及对"不高兴"的倾诉，可以给妻子带来怎样的帮助？（妻子没有因为来访者不在身旁而选择不告诉他，这让我感觉来访者在妻子心里特别重要。）
- 在来访者没有下乡前，夫妻俩在一起，妻子的心情是否与现在不同？（我们不预设妻子的脾气从一开始就不好，也许不同的情境或变化对妻子的脾气会带来不同的影响。）
- 在面对妻子的不高兴、不断地打电话、不停地发信息、不让睡觉的压力时，喝酒似乎是陪伴来访者的一种方式。喝酒可以如何缓解他的压力？
- 喝酒似乎是处于困难中的来访者想办法缓解的一种方式，只是对肝有影响，肝会因承载不住而硬化。来访者为了支持妻子而用喝酒来排解这些压力，但是却让肝生病了。面对这种情况，如果肝会说话，肝会想对主人说什么？（在我的咨询经历中，一旦遇到和健康有关的议题，我都会思考怎样让器官的智慧浮现，让器官和主人对话。）

当然，这些问话都需要建立在良好的咨访关系的基础上，特别是和器官的对话，如果太突兀，来访者会觉得咨询师很奇怪。

"强势"的双重故事

在这个案例中，我们看到来访者会面对母亲的强势，也会面对妻子的强势。可以怎样寻找这个来访者"面对强势"的力量和方法呢？

所谓"强势的双重故事"，就是指这个来访者不只是被强势所影响，在面对强势的过程中，也有属于来访者的一些不简单的力量和方法。所以，在"强势的双重故事"里，我可能会做一些个体工作，进行一些个体对话，也可以邀请母亲来聊一聊，邀请妻子来聊一聊。

来访者面对母亲的强势时的体验和努力

- 在来访者的成长历程中，母亲哪些强势的表达让来访者印象特别深刻？
- 母亲的强势是怎么形成的？
- 在母亲的强势里，有没有她比较辛苦的地方？
- 母亲的强势对整个家庭的影响是什么？
- 来访者在成长过程中面对母亲的强势，最不容易的地方是什么？
- 面对母亲的强势，有没有一些特别的心得让来访者觉得自己做得挺好的？
- 这些心得是怎么获得的？这些心得的不简单之处是什么？
- 来访者现在37岁，已步入中年，经历过面对强势的挣扎后，他如何感谢一路走来，那个曾经面对母亲的强势的自己？（**通过这些问话邀请他看到自己面对母亲强势的点点滴滴。**）
- 在成长过程中，来访者有没有经历过母亲的不强势或温和？那是怎样的体验？

- 在体验过母亲的温和之后，再去体验母亲的强势，会带给来访者怎样不同的感受？

如果有机会，带着想了解母亲的心意，打开强势的对话空间，让来访者和母亲聊聊"强势"。我们也可以提供一些对话的思路（我有时候把它称为"对话的处方"），促进来访者和母亲对话。如果一个儿子可以和母亲进行这样的对话，那是很感人的。

- 最近，长大的我很想了解妈妈，也让妈妈了解我。不知道妈妈可不可以让我了解您，也让您了解我？（征求母亲的同意，表达内心的渴望，而不是批评母亲。）
- 从小到大我都觉得妈妈很能干，保护我，保护整个家庭，完成很多的事情。（陪伴来访者看见母亲的好、母亲的难得，这也是为对话做铺垫。）
- 我觉得妈妈很强大，无所不能。妈妈，您是怎么变得这么强大的？妈妈从小就这样，还是长大以后经历了什么变化才如此？妈妈是怎么做到那么强大的？妈妈对自己强大的看法是什么？妈妈会不会也经历过遇到困难，不知道怎么办的时候？此时的妈妈会怎么表达自己？
- 妈妈想不想听听，您的强大对我从小到大的影响？（很多家长都尽心尽力地爱孩子，但是他们可能没有机会理解这样的尽心尽力对孩子的影响是什么。）

来访者可以对母亲说：

我一直不敢说，不知道妈妈听了这些话会怎么想，但是现在的我很想对妈妈说说真心话。知道妈妈一直为我好，想给我最好的东西，只是在妈妈给我东西时，我会感受到妈妈强大背后的强势，如果我不听，我不接受，您就会对我生气。这也是为什么这么多年来我都不敢告诉您的原因。妈妈，不瞒您说，我现在跟您说这些的时候，我内心好紧张，生怕妈妈会对我生气，我告诉自己"别说了"，但是如果一直不说，我又担心这会影响我和妈妈的关系，影响我如何看待自己。

我长大了，以后妈妈希望我照着您的想法去做事的时候，是不是也可以问问我，听听我的想法？我可能也完全同意您的看法，但是如果我有不一样的想法时，妈妈可不可以允许我有不同的想法？我的想法不同，不代表我否定妈妈对我的关心，而是我也想看看根据自己的想法做事是什么样的。

这些对话，都是在对母亲表示好奇，咨询师同时也在陪来访者去看，他认为什么样的表达是可以的。在咨询中，咨询师可以用自己和来访者都觉得舒服的方式创造共同的讨论方式，陪伴来访者看到"关系中的孩子"，或者"关系中的母亲"。

可能你也留意到了，我用的词语是"强大"，而不是一开始就抛出"强势"这两个字。因为有时"强势"会引发对方觉得被批评的不愉快感，而"强大"比较能够被接受。我们需要对很多细节保持敏锐的觉察。

关于以上来访者和母亲的对话，如果来访者没有把握，就不要说。这里的对话不是要指责母亲，而是要增加母亲对来访者的理解。这些也是我这么多年来，陪伴成年子女与父母对话时想到的。

不同的母亲，如果听到孩子说以上这些话，可能会有不同的反应。在来访者准备和母亲谈谈的时候，先不要害怕母亲的反应，而是用好奇心陪伴母亲的反应。如果母亲的反应比较剧烈，可能需要及时安抚。

这种说真心话的时刻总是很难，或者需要咨询师的陪伴。这种和母亲说真心话的过程，也是一个疗愈的过程，让子女能够更靠近母亲，也让母亲听见子女更多的想法。这个过程可以帮助来访者学习对话，尤其是当成年子女遇到强大或强势的伴侣时，不是只能保持沉默，而是可以在关系中自然地"流淌"，这也会陪伴他们培养自己的力量。

我在美国做家庭治疗的时候，这些对话一般会在治疗中进行。当我准备这个案例督导的时候，我有一个想法，就是试着把家庭治疗的亲子对话转化为这个来访者与母亲的对话。很多孩子心里都有很多话，很多父母也很想更好地关注孩子，只是有时候他们不知道该怎么办。

照我从前在美国做咨询的经验，这些对话可能是由咨询师操控的，让母亲和儿子坐在咨询室里对话，咨询师陪伴在一旁。但是我在本次案例督导课程中发现，大家特别渴望有一些可以立即上手实践的方法，立即和自己的家人一起尝试。所以我尝试把在咨询空间中的亲子对话转化成这样的形式，让来访者可以直接和母亲对话。我想强调的是，不勉强来访者必须按这样的思路去对话，这只是一种把家庭治疗本土化的尝试。

来访者面对妻子的强势时的体验和努力

当我们可以逐步地陪伴这个来访者培养面对强势的力量，或者发现他的力量时，事情可能就会不一样。

可以问来访者以下问题。

- 在婚姻中，来访者是什么时候开始体验到妻子的强势的？
- 妻子的强势指的是什么？
- 妻子的强势什么时候会展现出来？什么时候不会展现出来？
- 当妻子不强势的时候，妻子的状态如何？
- 妻子的强势对来访者的影响是什么？
- 结婚这么多年，当来访者面对妻子的强势时，不容易的地方是什么？
- 来访者在面对妻子的强势时，哪些应对方式有化解强势的作用？或对关系有帮助？
- 妻子的强势和母亲的强势，有哪些不同的地方？有哪些相似的地方？
- 当来访者年纪变大的时候，比如当他60岁的时候，他会告诉现在37岁的他，怎么面对妻子的强势可能对关系有帮助？

咨询师在陪伴来访者整理的时候，也可以陪伴来访者肯定他的妻子，丰富妻子的力量。在我们的文化里，有时我们不太会表达自己对伴侣的看见和感谢。所以丰富妻子的力量，就像之前丰富母亲的力量一样，都是很宝贵的。

关于丰富妻子的力量的问话有更多，这里简单地举一些例子。

- 我常年不在家，你一个人在家时是怎么照顾我们的女儿的？你是怎么把女儿照顾得这么好的？
- 我们结婚以来，你最辛苦的地方是什么？
- 这么多年来，你是怎么撑过来的？
- 关于你和我母亲的关系，你感觉比较不容易的地方是什么？

这样的对话对于妻子来说，会有一种被看见、被珍惜的感觉。在这个前提下，就可以试着和妻子谈一谈"强势"，打开与妻子的对话空间，让丈夫了解妻子，也让妻子了解丈夫。

很多人都说，不知道怎么和母亲说话，不知道怎么和妻子说话，不知道怎么和丈夫说话。关于怎样进行促进关系的对话，咨询师也可以提供一些方向。

我想很调皮地说，有时候作为夫妻或家人，说话可以肉麻一点。尽管肉麻不是我们的文化传统，但是肉麻会增进我们的关系。所以接下来我提供的问话可能有一点肉麻。

可以陪伴来访者对妻子说：

我当初想和你结婚，就是觉得你能力强，可以帮我，帮这个家。你嫁给我这么多年，为这个家付出这么多，我却很少感谢你，甚至觉得你的付出是理所当然的。其实我想说：辛苦你了！真的要感谢你，要不是你撑起这个家，我哪能出门去做我的事情呢？结婚那么久了，我也想和你说说我内心的话，一直不知道该怎么说，但是想试着和你聊聊。

- 当你和我一起生活的时候，是什么让你觉得要用比较"强"的方式和我在一起？也许你不同意这种说法，但是我想多加了解。
- 在你对我的"强"里，你的心意是什么？你最想做到的是什么？
- 你想怎么用你的"强"帮助我？或者怎么推动我？
- 你的"强"最想让我理解的是什么？
- 你的"强"的力量常常很强大，有时候会大到压过我，这种强大的力量让我不太能有自己的想法。我很担心这种情况，毕竟我是家里的男人，也需要有些想法，我也担心女儿是否会轻视我。

不同的妻子，听到丈夫的这种表达，可能会有不同的回应。丈夫要这么对妻子说话，是需要很大的勇气的。丈夫可能会担心妻子听后会发怒，所以要说出心里话，需要做很多准备。

咨询师可以陪伴来访者做准备，看看怎么和妻子聊，或者来访者觉得需要有咨询师的直接陪伴，才可以和妻子进行这样的对话。不管是哪种情况，我认为这种真诚的对话是夫妻关系疗愈的开始。

夹在母亲和妻子之间的关系

怎样在母亲和妻子之间周旋？来访者可能有自己的经验，可以听听他的心声。

- 妻子不让来访者听母亲的话，指的是哪些方面？
- 当妻子不让来访者听母亲的话时，来访者内心有什么感受？
- 来访者如何面对妻子不让他听母亲的话的现状？
- 来访者觉得母亲说的话不能不听，但妻子不让来访者听母亲的话，这种情况是什么时候开始的？
- 同时承担丈夫和儿子这两种角色，让来访者为难的地方是什么？
- 来访者的同学或好友在面对这两种角色的不容易时，有什么心得和经验？有哪些也适用于来访者？

- 一个母亲从小把儿子养大，把最好的东西给儿子，当儿子结婚后，儿子虽然会听母亲的话，但儿子可能也会开始听妻子的话。如果妻子的话和母亲的话很相似，可能问题不大。但如果妻子的话和母亲的话很不同，甚至妻子反对母亲的话，在这个时候，母亲最不容易的地方是什么？
- 当妻子决定和丈夫结婚时，妻子可能期待夫妻二人为这个家庭的幸福共同经营、共同打拼，但是当妻子发现丈夫仍像婚前一样听母亲的话，而不是以妻子的话为核心，在这个时候，妻子最不容易的地方是什么？
- 似乎母亲和妻子都希望来访者能听到她们的话。以哪种方式听母亲的话，同时可以顾及妻子的想法？以哪种方式听妻子的话，同时可以顾及母亲的想法？

这其中似乎包含对关系的考虑，"更听谁的话"似乎代表和那个人关系比较近，和另外一个人的关系比较远。因此，如果把和母亲、妻子的关系纳入考虑，我们可能会思考如何与母亲在一起，能够看到母亲的好，同时看到妻子的好。母亲感受到儿子对母亲认可，关系就会更亲近。这样，母亲在儿子的协助下，也能慢慢理解、认可儿媳，婆婆和儿媳的关系也会拉近。

另外，丈夫和妻子在一起时，看到妻子的好，妻子和丈夫的关系就会更亲近，妻子也能在丈夫的协助下，理解婆婆的不容易、接纳婆婆，儿媳和婆婆的关系也会改善。

当关系改善时，比较就会减少。在比较减少的情况下，儿子与母亲的关系近，与妻子的关系近，就会同时得到允许。而且儿子与母亲、妻子的关系都靠近时，会促进婆婆和儿媳的关系。这样，儿子和母亲、妻子在一起时就更自在，而不是必须选择一边"站队"。儿子（丈夫）被允许同时爱两个女人。

当母亲与儿子、丈夫与妻子、婆婆与儿媳的关系都顺畅的时候，大家的痛苦就会减少。所以，儿子是一个很重要的角色，可以协助整个家庭的关系流动起来。

全家咨询

如果有机会，可以邀请母亲、儿子、儿媳，甚至还可以邀请父亲一起参与咨询。

婆媳关系是一种多元文化的关系，其中包含婆媳年纪的不同、所处时代的不同，可能还包含社会阶层的不同、教育背景的不同，以及对孙子、孙女教育理念的不同，甚至还包含健康、移民的元素，等等。有时双方无法接受彼此的文化脉络，冲突在所难免。

在准备邀请全家参与咨询的过程中，可以去看见：这个家是一个在乎每个家庭成员的家，每个人都很重要，每个人对彼此也很重要。然后感谢大家，在遇到困难的时候愿意一起谈谈。咨询师要肯定这个非常勇敢的家庭。这样，家庭中的每一名成员都会感受到被尊敬，而不是感觉自己的家庭充满问题。这个准备过程会给正式的咨询带来帮助。

在多元文化中，我们要改变对方是很困难的。多元文化中的互相尊重、互相理解，可以让全家人更好地相处。我认为可以通过多元文化的视角表达对每一个人的好奇，理解每个人。探寻每个人的多元文化元素，探寻每个人重视的东西。让每个人都有机会表达自己的多元文化背景，也让每个人说说当他们在一起时，需要彼此理解的地方是什么；彼此有怎样的冲突；在冲突中，大家可以怎么在一起，怎么磨合。甚至可以说说他们希望这个充满丰富思想的家，对下一代（来访者的女儿）未来的婚姻有怎样的帮助。

学习后现代和叙事，就是学习怎样打开这样的对话空间，或以跨越时空的方式去对话。

在这里，母亲可以说话，父亲可以说话，儿子可以说话，儿媳可以说话。如果一些人比较安静也没关系。有时候，听家人的分享也是一种很宝贵的参与方式。
- 问母亲，如果母亲可以回到她曾经作为他人儿媳的那个年纪，她会如何理解现在的儿媳？
- 问儿媳，未来她也会到婆婆的年纪，那个年纪的自己会如何关心年长的婆婆？
- 问儿子，当他年老的时候，他会想和现在的妻子、母亲说什么？怎么支持全家人融洽地在一起？

因为在案例报告中没有听到来访者的父亲的感受和想法，所以之前没有邀请父亲进行跨越时空的对话。但可以开启父亲和来访者的对话。
- 对父亲表示好奇，父亲的母亲和儿媳的关系是怎样的？
- 奶奶是怎么和她的儿媳相处的？儿子可以听听父亲的心得，因为这是一种不容易的关系。
- 爸爸的心得有哪些可以跟儿子分享？（包括爸爸的困难，或者大家的困难、不容易的故事。）

关于"喝酒"

在关系中，来访者有很多苦楚，在这些苦楚背后，也有来访者的很多愿望。当愿望没有机会达成的时候，那个"苦"是需要被陪伴的。有苦楚、有无力感，于是去喝酒，这是很多人都会采用的一种方式，也是缓解自己的无力感和烦恼的一种方式。所以，来访者目前用酒来陪伴自己，这是个不容易的过程。打开对话，让来访者看到整个家庭都很关心他。
- 喝酒可以给他的无力感带来怎样的陪伴？
- 怎么喝酒，既可以陪伴无力感，也可以照顾他的肝？
- 如果他的肝可以表达，肝会告诉主人什么？（在喝酒的同时，也可以保护他的肝。）

- 他的肝对妻子的期待是什么？（妻子可以做什么帮助丈夫减轻压力、减少喝酒，进而保护丈夫的肝。）
- 他的肝对母亲的期待是什么？（母亲可以做什么帮助儿子减轻压力、减少喝酒，进而保护儿子的肝。）

身体是有智慧的，如果我们看看肝想表达什么，让肝在关系中对话，会是一件很宝贵的事情。所以，我总是希望在家庭的对话里，有一些创造性对话。当然，在关系好的时候，才能试着这样做。

对于来访者和酒的关系，我想用外化拟人化的方式邀请来访者与酒对话。

- 酒在什么情况下会来拜访主人？
- 酒拜访主人的时候，最想带给主人的是什么？
- 酒在什么情况下可能会去休息，不打扰主人？
- 酒很关心主人，怎么关心主人，才能也照顾主人的肝？
- 酒在什么时候很想探望主人，但是主人的门没有开？
- 酒觉得是什么让主人不开门？门没有开的时候，主人会用什么方法照顾自己的心情？
- 酒和主人保持怎样的关系时，才可以恰到好处地保护主人珍贵的肝？
- 酒在和主人相处的时候，看到主人最不容易的地方是什么？看到主人最难得的地方是什么？
- 未来，无论酒在主人的生活中扮演什么角色，它最想给主人什么祝福？

我从来未设计过这种问话，但在看案例报告的时候，我觉得可以让酒和喝酒这件事情，还有肝，进入对话空间。

女人的强势对丈夫或儿子的力量支持，会让孩子学到什么

对于家庭中的女儿来说，女儿会看到，妈妈展现的力量不仅很强大，还能支持爸爸。未来当女儿结婚后，她不仅能学到很多妈妈的力量，而且还从妈妈身上学到如何支持未来的丈夫。对于家庭中的儿子来说，儿子会看到，未来当自己作为丈夫时，也可以很有力量，不论自己的妻子是否强势。

妈妈强势的同时允许她的丈夫展现力量，这能促进婚姻中的性别平衡的代际传递，也是一份送给孩子未来关系的礼物。因为如果孩子看见父母同时有力的展现，孩子会自然地在未来的婚姻中允许夫妻双方的力量在关系中流淌。

男人其实很重要，陪伴来访者培养属于男性的力量，这是家庭关系工作的大工程，可能也需要一些时间。男性在夫妻关系中对妻子的关心，可能也是丈夫隐而不现的力量。妻子不断地给来访者打电话，代表妻子很需要来访者，需要男性的力量。

结语

喝酒会造成肝硬化，这可能是来访者面临的一个健康危机，全家人可以一起看看如何帮助来访者转化这个危机。这可能是促进家庭关系变化，带给家庭关系新的流动的契机。

来访者对家庭关系特别敏锐和重视。因为不满意家庭关系的现状，他用喝酒来发声，来抗议；用肝来提醒、来警示，提醒家庭需要改变现状。我觉得来访者是一个有力量的人。

咨询师的回应

听了吴老师的分析，咨询师认为老师对案例的解析和回应都做了很多细致的工作，咨询师特别感动。以下是咨询师的具体回应。

- 特别触动我的地方是老师对婆媳关系的解析：把婆媳关系从"水火不容"转化为支持儿媳的资源，儿媳也可以理解婆婆。这样的建构让我很感动。原来妈妈不仅可以支持儿子来咨询，也可以给儿媳支持。妈妈也是一个非常重要的资源，可以在关系里看到妈妈的重要性。

- 特别同意吴老师说的，来访者看起来好像夹在妈妈和妻子中间，很无力。其实他很有力量，他用喝酒的方式让大家关注他、重视他，用自己的身体来发声。在第二次咨询中他谈到，原来喝酒后会睡觉，现在喝完酒会出现摔东西的行为，妻子会说特别害怕他。老师在这一点上特别敏锐。来访者用喝酒、用身体在家里发声。原来是他躲避，现在是妻子躲避。来访者讲述，在生活中他特别努力地做事，却不被认可。比如他回家后会做饭、做家务。来访者的父母开了一家饭店，妻子也在饭店里工作。他去饭店时也会努力帮忙做事。可是妻子总是看不到他做的事，总是看到他做得不好的地方，会批评他。他在工作中也特别努力，想要做出成绩，但好像也总是没有做好，所以他感觉自己很无力，感觉自己没有被看见。他在用其他方式表现自己。

- 吴老师提到，妻子在不高兴的时候总是给来访者打电话，好像从这一点上看到了来访者对妻子的重要性。

- 关于来访者小时候被打的经历，他提到小时候父母打他是希望他成绩好。这是他现在对于当时事件的理解，但小时候并不是这么理解的。对于这一点是需要去做工作的。

- "强势的双重故事"，这一点让我耳目一新。两个对话处方：一是和妈妈的强势对话处方，二是和妻子的强势对话处方。我觉得这两个对话处方特别贴心。如果在关系里有这种真诚的、发自内心的对话，就会把大家紧紧地联系在一起。陪来访者进行这样的对话，这是一个特别好的视角。把家庭治疗历程转化成对话的方式，陪伴家庭去做，这让我感受到了一种创造性的对话。

- 关于来访者夹在母亲和妻子间的这种关系，如何让来访者和母亲、妻子在一起时能够自在地相处，允许儿子（丈夫）同时爱两个女人等，这些视角也很有启发性。
- 还有全家人的咨询，包括引入父亲这个资源，探寻父亲与母亲之间的关系，等等。
- 引入"酒"，把它拟人化，这也是一个创造性的视角。这样可以让来访者看到自己与酒的关系。
- 从女儿的视角去看妻子的强势，强势带给女儿的是什么，如何让女儿从中获得力量等，这些观点都很棒。

同时，咨询师有两个问题想和老师讨论。

1. 在第二次咨询的时候，来访者是和妻子一起来的。来访者说第一次咨询结束后，他和妻子的关系有了很大的变化。他与妻子沟通了一个晚上，并说服妻子一同来做咨询。在这次咨询中，妻子说了很多。她在说话时声音很大，音调很高，对来访者表达了很多观点和不同的想法。在咨询过程中，来访者的妻子不停地打断对话。她还提到来访者用喝酒来躲避现实等问题。因此，在夫妻咨询时，如果总是被打断，咨询师什么时候以及怎样对这个"打断"工作比较合适？

2. 在咨询过程中，当来访者的妻子大声指责来访者，并要他讲道理的时候，来访者会突然感到很难受。他说自己的胸口特别地憋闷，并要求去咨询室外面抽烟缓解一下。在家里，当来访者的妻子这样高声和他说话时，他也会出现这样的状况。对于来访者出现胸口特别难受，并表示要离开咨询室去抽烟的情况，咨询师该如何应对？

熙玥老师再回应

在第一次咨询之后，来访者和妻子说了很多，并邀请妻子一起来咨询。这特别感人，特别好。我猜他们可能以前没有做过夫妻咨询，他们能够选择进入咨询空间，就是一种关系的流淌，现在，他们也在体验彼此。

咨询师可以丰富他们的谈话：是什么让妻子愿意参与？建构属于他们彼此的重要关系故事，并使之更加丰富。等到未来，当他们有机会可以在咨询空间里好好表达的时候，再看看他们认为彼此的谈话有哪些地方想要调整？

- 关于"打断"，我们可以外化"打断"，看看妻子谈话的这种方式是怎么形成的？对丈夫的影响是什么？
- 关于丈夫觉得胸口闷，未来可以工作的一些方向是：当妻子看到丈夫胸口闷，妻子的理解是什么？丈夫的感受是什么？在生活中，"胸口闷"会怎样出现？他们未来怎样慢慢往前走，才不会让丈夫感觉胸口闷？

通过夫妻咨询看见他们的关系，这种看见也许刚开始有些困难，但可以慢慢来。非常感谢咨询师为我们提供这个案例！

理 论 梳 理

第一，健康和系统的关系。 在一个家庭中，像喝酒这类影响健康的行为习惯并不是孤立的，它和关系是有连接的。

第二，在婆媳关系中整合儿子的力量。 心理咨询中有一个很常见的议题就是婆媳关系。其实,在这种关系的背后,儿子也非常重要,在处理这个议题时,让儿子参与进来会有不一样的效果。

第三,看到和贴近"强势"这个在地性文化。"强势"是非常有力量的,如何和它在一起,看见它的资源。

第四,打开"酒"的对话空间。当我们用一种去病理化、去标签化的思维看待"酒"的时候,就可以找到很多宝贵的东西,也可以把关系纳入进来。

练　　习

练习一　怎样看到"强势"的宝贵之处?

通过以下问题,可以试着理解"强势",看到"强势"背后重要的故事,看到"强势"带来的关系是什么。

- 强势的女人一般是怎么知道要做个强势的女人的?
- 强势的女人会如何表达强势?会在哪些方面表达强势?
- 强势的女人希望通过强势为她自己/家庭/事业带来什么?
- 强势的女人希望家人和同事如何理解她的心意?
- 强势的女人希望家人和同事如何关怀她?

结语

当你思考强势(不论是自己的强势或他人的强势)时,这个练习是否会带给你新的想法?

练习二　男性面对母亲和妻子的经验

我们常说婆媳关系不容易。通过这个练习看看男性在面对母亲和妻子的过程中，有哪些重要的体会、知识和经验？通过这样的看见，大家可以共同练习和学习。

- 你/你的丈夫/你的父亲，在面对自己的母亲和妻子的关系时，有什么经验？
- 你/你的丈夫/你的父亲遇到的挑战是什么？
- 你/你的丈夫/你的父亲的反思和心得是什么？
- 如果你有儿子，你会如何将你和母亲、妻子维系关系的心得和经验传承给儿子，让儿子可以带着你的智慧和自己的妻子、母亲创造美好的关系？
- 如果你有女儿，你会如何将你的这些经验传承给女儿，让女儿在与丈夫和婆婆相处时更和谐？

结语

当你思考男性同时与自己的母亲及妻子维系和创建关系时，这个练习是否会带给你新的想法？

案例五督导思维导图

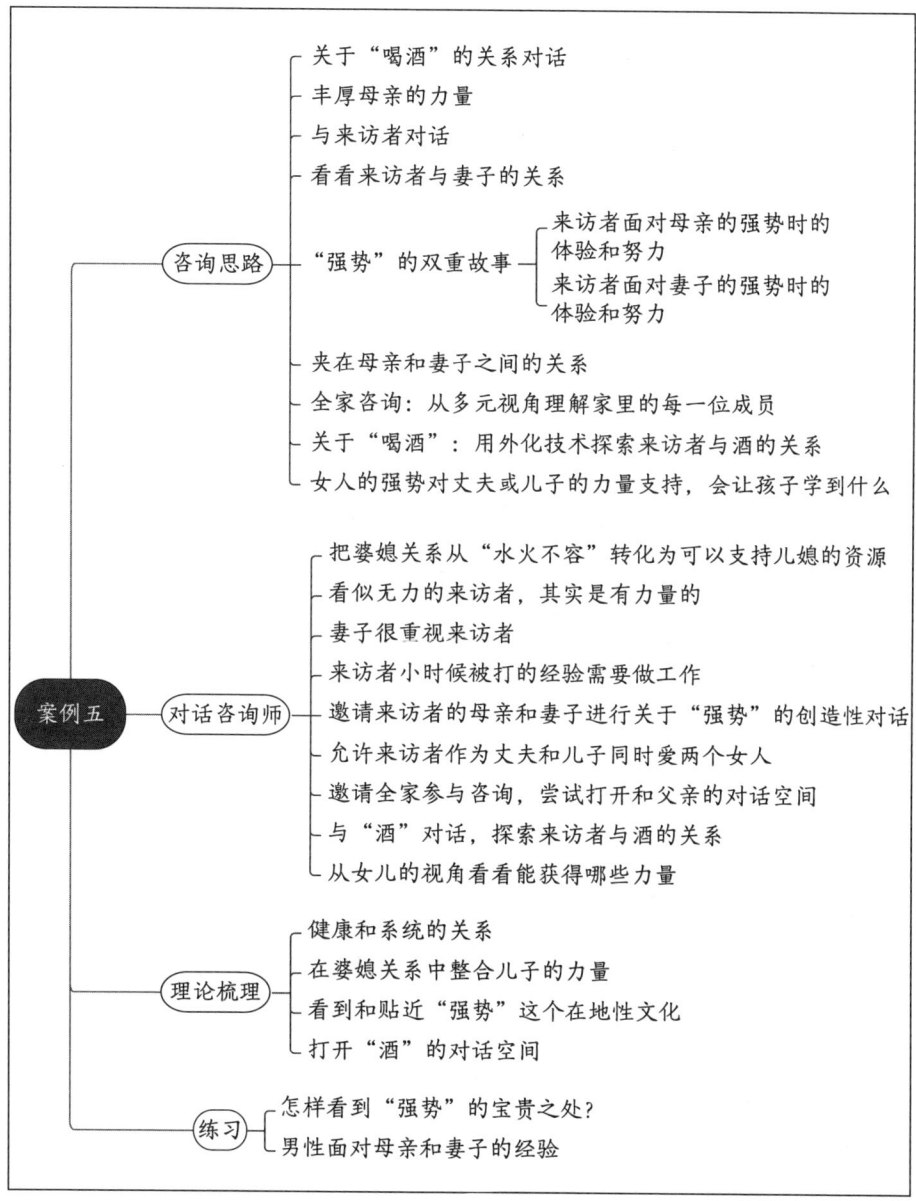

思维导图绘制：刘霞

第二部分

亲子关系案例督导

引　言

随着科技的发展和手机的普及，手机不只成为成人生活中不可或缺的一部分，也给孩子带来了深深的影响。

手机确实带来了许多好处，例如能更方便地了解孩子的行踪。但当手机影响了孩子在学校的学习，甚至妨碍了孩子与父母之间的交流时，手机给许多父母都带来了极大的困扰和挑战，甚至会引发亲子间的冲突。

每当遇到这种情况时，我总会思考，如何先理解父母是如何互相支持以面对孩子的挑战的，而不是各自单独面对孩子。与伴侣互相商量、互相鼓励、互相聆听，再一起面对孩子的难处和挫折，寻找可行的处理方式。也许孩子的情况不一定能马上改善，但父母至少可以成为一个团队，互相关怀、互相支持，共同克服这个家庭的困难。这是可以尝试的第一步。

不要打击彼此，不要急着分析是谁的错（"都是你把孩子教成这个样子的"）。事实上，这个普遍的社会现象中包含很多的因素和脉络。在如此复杂的因素和脉络中，我们可以先看看，现在父母能同心协力做些什么来帮助孩子。

父母自己也会觉察和反思，也会发现，自己无法做什么或说什么来帮助孩子。父母心里明白这一点，但令他们感到痛苦的是似乎找不到方法来帮助孩子。父母越感到无力时，咨询师就越需要理解父母的苦心和努力。父母不是容易的角色，尤其是现在的父母。当孩子的成长中出现挑战时，多年的实务经验告诉我，一定要先去寻找父母的力量，特别是大家视而不见的力量，但那是一股并非理所当然的、珍贵的力量。

当父母的力量被看见时，就会产生被理解的感觉，这会消除父母的无力感和挫折感，进而鼓舞父母带着自己的力量与创意，充满自信地面对孩子。在做亲子关系的工作时，先丰富父母的力量和心意，此后陪伴父母的工作也能更顺利地展开。

父母二人来自不同的家庭环境和生活背景，两人对教育孩子的想法和理念不一定相似，因此父母教育理念的分歧往往也会导致父母在育儿方式上的冲突，这种现象非常普遍。父母都想给孩子自己觉得最好的东西，因此父母往往会据理力争，坚持自己的理念，甚至反对对方在教育上的不同理念，希望可以尽量以自己的理念来养育孩子。也就是说，父母的不同教育理念在家中成了竞争对手，只有一种理念是好的，另一种理念是无用的。

我一直认为，父母不同的教育理念反而是孩子和家庭的重要资源，一定要看见父母不同的教育理念的发展脉络，及其价值和重要性，见证父母不同的教育方式可能带来的贡献和希望。在这种尊重父母不同的教育方式的空间中，我们可以看见，不同的教育方式在不同的场域和空间，都会带给孩子在不同领域或不同阶段的不同收获。

在这种尊重差异的教育空间里，父母可以开始协商在不同的时间对孩子使用哪种教育方式，让孩子可以弹性地和父母分别重视的教育理念保持同步。一方面父母两人的教育理念在这个家庭里都能得到重视，另一方面孩子也能同时受惠于父母双方的理念，而非只能采用父母一方的理念。父母的理念都能成为孩子的礼物，这对孩子来说是莫大的幸福。

许多家庭都有老人，邀请老人参与孩子的教育，能拓展协助孩子面对困难的过程，也能启动家庭中多元的力量。

随着心理学的普及，许多父母在有了孩子若干年后开始接触心理学，然后发现自己在过往的育儿过程中，有些地方没做好，因而对孩子产生亏欠感，希望往后能更好地陪伴孩子。每当我听到父母这么说时，我总是觉得很感动，我充分感受到了父母愿意学习的心意，这特别难得。其实孩子并没有期待父母成为完美的父母，孩子更希望父母愿意开放地学习。

很多年前我在北方的一个城市举办工作坊，一个10岁左右的小男孩陪母亲来上课,那次课刚好谈到亲子关系,母亲和孩子一起听课。下课时小男孩和我分享了母亲在课间和他说的话,母亲听了老师的话后告诉他,母亲很多地方都没做好,要向他道歉。我问小男孩,母亲以前有没有向他道过歉,小男孩说没有,这是第一次。我问他母亲向他道歉他感觉如何,小男孩说很开心。

这次经历让我体会到,父母向孩子真诚地道歉也会带给孩子愉悦感,这份愉悦感源自父母放下自己什么都要做对、什么都要做好的角色,愿意坦诚表达自己也有做错的时候,希望自己有所改进。

我后来还陆续听到一些父母告诉我,他们向孩子道歉的故事,这种来自父母的诚心的道歉可以改善亲子关系,也能开启更多对话。

有些父母向孩子道歉,但孩子不能接受,此时可能需要进行进一步的对话,理解不接受背后的脉络。可以找咨询师协助进行更深入的亲子对话,让孩子真实地表达出内心的想法。如果孩子能接受父母的道歉,那很好,但如果孩子不能接受,可以试着理解,给孩子一些时间,不勉强或期待孩子立即接受父母的道歉,这也是对亲子关系的一种试炼。

另外,我也想谈谈孩子的力量。孩子成长的过程,就是一个发现自我的过程。当周围的父母、长辈、老师愿意陪伴孩子发现他们的特点与优点时,孩子就更能相信自己,更能勇敢地面对未来的挫折和困难。在孩子成长的过程中,如果周围的父母、长辈、老师看到的都是孩子的不足时,孩子也会觉得自己不够好,开始否定自己,不相信自己,也会变得不开心,面对困难的力量也会变弱。

这并不是说对孩子做的一切都要肯定,而是愿意陪伴孩子挖掘他们面对生活与学习的困难背后的想法和潜力,把孩子的失败视为陪伴孩子发现自己的勇气、面对问题的力量的机会。当周围的成人都愿意陪伴孩子寻找力量时,孩子就会不断累积信心和解决问题的能力。当然这是循序渐进的过程,孩子的生活需要陪伴和协助。

前文提到了父母如何互相支持、互相鼓励来养育孩子,但是,如果由于不同的原因，只有母亲一个人或父亲一个人抚养孩子，我们可以如何支持这种单亲父母呢？

早期的心理学理念倾向于教育单亲父母获取扮演父母双亲的知识，当然这些亲职教育有其价值和重要性，但在后现代与叙事的视角下，会更强调贴近单亲父母角色的故事，以及他们做单亲父母的意图、付出与努力，看见他们做父母的初衷与蓝图，看见他们的难得和不易。

我的经验是，见证单亲父母远比教导单亲父母扮演双亲角色更重要。当这些单亲父母能够被理解、被贴近时，属于他们的力量就更能流淌出来。

下面的两个亲子关系案例包含了我们在生活中会遇到的一些情况，感谢两位咨询师分享的两个来访者的故事，让我们有机会通过他们的经验，对于亲子关系和为人父母的心路历程有更多的体会和学习。

案例六　修复受损的亲子关系

这个案例包含以下议题：手机、游戏、青春期、情绪、亲子冲突、危机，这些也是目前许多家庭面临的现实困境。在这种亲子关系已经受损的家庭中，很重要的一点就是要疗愈关系，重新联结父母及孩子的情感需要。

在做所有工作之前，需要丰富父母教育孩子的力量。咨询师要感谢父母，并邀请父母看见彼此的力量，通过问话使父母学会彼此支持、鼓励，丰富父母对教育方式的反省与觉察，使父母达成教育共识。

教育孩子是一个艰巨的工程，孩子不一定能够理解父母的善意，反而会和父母起冲突，此时父母可能会觉得受打击、挫败、无力。夫妻彼此扶持，会让教育孩子的这份事业，显得不那么孤独，而且还能给彼此力量。父母二人的初衷肯定都是为孩子好，咨询师可以探寻如何将父母不同的宝藏在不同的时期给孩子，探索融合父母的教育理念的方式，看看可以怎样理解彼此、接纳彼此，再找出一些方法，共同往前走。

道歉，不是要弱化父母，而是找到一个重构亲子关系的宝贵开始。父母如何拓宽对手机游戏的理解和视野，怎么重新理解孩子玩手机游戏这件事？亲子之间如何协商，建立手机使用公约？父母需要孩子怎样努力，以让父母放心，了解孩子可以平衡玩游戏和学习？父母如何陪伴孩子，培养其管理手机使用的能力？

在手机使用中创造温暖，也是建立信任关系不可或缺的条件。不要让手机成为亲子拉锯战的导火索，父母要努力让手机成为拉近亲子关系的媒介，手机也能带来联结、温暖、关系和表达。父母要陪伴孩子创建属于孩子的情绪处理方案，帮助孩子理解自己的情绪，面对自己的情绪，使"情绪"成为宝贵的资源。通过"情绪"可以创造关系，包括家庭关系、婚姻关系、亲子关系、人际关系、组织中的关系。家人要坚守信念，打开诚信待人的对话空间，引领孩子成长。

处理好与其他家人的关系也非常重要。爷爷奶奶都非常关心孙子，我们不要评价和指责他们的做法的对错，全家人能够在一起，每个人都应该珍惜。对于特别需要得到尊重的青春期孩子，我们的家庭系统工作有时可能需要动用所有的家庭资源。

个案报告

一般资料

来访者为女性，41岁，政府工作人员，已婚。儿子上初一，老公是工程负责人，经常在外，平时夫妻关系很好。现在公公和婆婆搬过来，五口人一起生活。

来访原因

来访者在求助的前一天晚上扔了儿子的手机，被儿子打，儿子还拿出了刀。来访者感到难以承受，不知道该怎么处理，也不知道如何与儿子沟通，所以通过微信聊天的方式来求助。

来访者的心理困惑

来访者自述，她的孩子现在明确表达喜欢玩手机游戏，不喜欢学习，想要自由，不希望被父母管。在疫情期间，孩子因玩手机晚上很晚才睡，导致早上经常晚起，网课不能准时参加，作业也不能按时完成，甚至不完成。孩子用电脑打开网课，私下却在玩手机，亲子冲突因此增多。

父母觉察到儿子从小学五年级左右就开始因为手机、学习等事情与父母发生冲突。近一年，因手机使用问题引发了三四次儿子对妈妈动手的事件。这一次是儿子将妈妈压在沙发上，用沙发垫子打妈妈，并说要报复父母，理由是父母过去用打他的方式来管教他，现在他长大了，要报复父母。

父母承认过去的教育方式有问题，每次出现状况，父母会先和孩子好好谈，但当孩子拒绝谈话的时候，爸爸就会被激怒，用体罚孩子的方式来解决问题。父母现在已经意识到过去的教育方式不对，也向孩子道过歉，还积极参加学习、努力改变，学着处理自己的情绪，尝试用沟通的方式和孩子解决问题。

父母对孩子的学习没有过高要求，只希望孩子正常完成学习任务。但是父母非常在乎孩子的诚信和合理使用手机的问题。他们希望孩子能够遵守他们和孩子设立的约定，当孩子不能遵守约定时，父母就会被激怒，冲突就会发生。

对于昨天晚上发生的事情，父母很意外，但已经意识到这与他们之前的教育方式有关。父母虽然改变了教育方式，想尝试通过沟通解决问题，但因为亲子关系已经遭到破坏，达不到预期的效果，还导致问题越来越糟。

父母能理解孩子的行为表现，愿意承担责任，内心也非常想帮助孩子。但孩子现在不信任父母，也不与父母沟通。父母不知道怎么做才好，非常担心、焦虑、着急、无力。

一年前，来访者换了新的岗位，老公也刚换了工作，经常在外面，平时工作很忙、很辛苦。父母对刚进入青春期的孩子缺少陪伴。尽管爷爷奶奶有时间陪伴孩子，但他们平时喜欢说教，而且因为隔代，孩子不喜欢爷爷奶奶的陪伴。孩子确实不容易。夫妻二人在教育孩子的问题上意见不一致，丈夫觉得妻子太烦，容易有情绪。

咨询目标

来访者看到孩子现在的过激行为，觉得需要带孩子到专业机构做心理评估，希望孩子能得到专业的咨询帮助。但现在最大的困难是，如何让孩子接受专业机构的咨询？来访者希望咨询师能一起想办法。

咨询过程描述

第一次咨询：陪伴来访者缓解情绪

通过微信聊天的方式，用正常化技术，表达共情——遇到这样的事，大多数父母都会有类似的感受和表现，需要时间去平复心情——以此来缓解来访者的情绪。看到来访者在事情发生后采取离开现场等方法积极应对，也努力想办法平复自己的心情，并及时寻求外部帮助，这很不简单。

待来访者情绪平复之后，询问来访者发生了什么事。耐心倾听来访者诉说事情的经过，并关心来访者的感受和想法。来访者表达了自己对情绪的看法以及内心的焦虑和担心。

来访者觉得孩子没有地方倾诉，很可怜，内心很渴望帮助孩子。她想让丈夫晚上早点下班，和孩子谈谈。来访者希望这一次先和丈夫达成共识，再邀请他和孩子谈。关于如何达成共识，来访者希望咨询师能提供帮助。

第二次咨询：来访者和丈夫一起做咨询，明确咨询目标

当天晚上，夫妻二人一起来做咨询。咨访双方围绕和孩子谈什么、怎么谈效果会更好等话题展开对话。夫妻俩谈了许多自己对过去事情的认识和感受，以及现在的想法和困难。达成共识后，丈夫主动找儿子谈心，陪伴儿子，耐心听儿子描述事情的经过，了解儿子的看法和打算，与儿子协商解决方法，尝试提出求助专业人士的建议，倾听孩子的想法，再根据孩子的想法调整方案。

咨询师通过访谈看到了父母对孩子的爱，看到了他们对孩子前途的关心。咨询师也让父母看到了自己的努力和付出。父母对过往教育方法进行了反思，也在努力重新建构新的教育方法。咨询师对他们的觉察和改变给予了肯定。

此次咨询的一个工作重点是陪伴父母对话，"缓解父母的情绪，为父母帮

助孩子提供力量",最后找到了父母晚上回家可以尝试沟通的内容和方法。

第三次咨询：来访者通过微信聊天的方式反馈和孩子的沟通结果

来访者反馈，孩子愿意和父母沟通，并表达了一些自己的想法。孩子说，拿刀只是吓吓妈妈，不会伤害妈妈。孩子说不想请专业咨询师帮忙，认为没必要。孩子还谈到了妈妈对他的不信任，来访者自己也承认这是事实。

孩子说自己本来朋友就少，现在没有手机，就更无法和朋友交流了。他不想跟父母沟通，因为他不信任父母，心存戒备。

来访者觉得孩子把事闷在心里，没人倾诉很可怜，特别想帮助他，但不知道接下来怎么和孩子沟通，希望咨询师能给予帮助。

本次督导的问题

1. 孩子明确表达不信任父母，不愿意和父母沟通，也不想请专业咨询师帮忙，而来访者担心如果对孩子现在的过激行为不及时给予有效的干预，情况会越来越糟。来访者的丈夫认为，来访者的情绪过于焦虑，不仅孩子嫌烦，他也感觉很烦。夫妻俩都表示不知道接下来该怎么办，感觉很无力，迫切希望咨询师帮助孩子。面对这种情况，咨询师该如何做？

2. 父母的挫败感和无力感随着与孩子沟通的困难的增加而增强，咨询师要如何陪伴父母，打开哪些对话空间才能带给父母更多前进的力量和信心？

通过前两次谈话，父母的情绪虽然有所缓解，但现在急于帮助孩子的焦虑情绪还很明显。父母都表示要先调整好自己的心态和教育方式，接受孩子的现状，爸爸也付诸行动，马上和孩子进行了沟通。但由于孩子的不信任和不愿意沟通，给爸爸的行动增加了难度，父母的挫败感和无力感随之增强。

3. 由于事情比较紧急，咨询师按危机事件处理，主动预约面谈，免费给予帮助，也没有严格控制咨询时间，这样做合适吗？怎么做会更好？

由于来访者突然遭遇这样的状况，情绪比较强烈。在倾听来访者诉说、陪伴来访者处理情绪的过程中，咨询时间很难掌控。第一次咨询用了2小时；考虑到事件的紧急性，当天晚上来访者约了第二次咨询，用时2.5小时；

> 第二天通过微信聊天的方式进行的反馈对话用了1小时。咨询师依据自己的感觉做了这样的安排，没有严格控制咨询时间，还有很多地方都不符合平时咨询的流程。所以咨询师内心也存在困惑，到底该不该这么做？怎么做会更好？
>
> 　　4. 免费给予帮助的咨询是否合适？对来访者和咨询效果是否会有一些负面影响？
>
> 　　咨询师是某学校的咨询老师，平时主要在学校给学生提供心理咨询服务，这些服务都是免费的，所以咨询师给校外的人提供的咨询也属于志愿服务，不收费。这次咨询虽然是来访者主动求助，但咨询师免费给予了帮助。咨询师不确定这样的做法是否合适？对来访者和咨询效果是否会有负面影响？怎么做会更好？

熙珺老师的回应

　　感谢咨询师对这个危机事件的处理和陪伴，这特别宝贵。接下来，我谈谈我对这个案例的一些想法。

　　首先，这位来访者妈妈特别有危机意识，她发现孩子出问题了，自己也出现一些状况，就立刻想要寻求专业帮助，爸爸也在当天晚上一起参与咨询。这对父母能够在孩子出现状况时，当机立断，共同和咨询师讨论，而不是陷入对孩子的无休止的指责中，这就是宝贵的和值得被看到的地方。我们可以看看，父母共同做些什么能够帮助孩子？

　　妈妈的自我觉察能力很好，爸爸也快速加入，与妈妈共同处理孩子的事情。我们能感受到父母特别关心孩子，能感受到这对父母的力量，也能感受到他们想帮助孩子的迫切愿望。我被这对父母的努力深深感动，也特别珍惜和感谢这对父母在挫折中努力找咨询师求助，这说明这个家庭是很有力量的。

　　其次，我对咨询师的感想是，咨询师听说了来访者的危机，能够尽快和来访者谈话，进行危机中的陪伴和支持，而且当天晚上进行系统的支持和处理，邀请父母一起谈话。我充分感受到了咨询师在危机中的即刻回应和关注，以及倾听和支持。咨询师的快速反应和及时处理，给予这个家庭在暴风雨中稳定和前行的力量，这特别有意义、有价值！

在父母和咨询师谈完之后，当天晚上爸爸就和孩子进行了谈话。虽然很困难，但是在咨询师的支持下，这个家庭在危机中不断前行。咨询师的陪伴与来访者夫妻的共同探索，打开了更多危机中的家庭的对话空间，以及接下来可以怎样前行的对话空间，发现更多可能性。这特别难得，感谢咨询师！

对于这个案例，我的思路是丰富父母教育孩子的力量。我们可以看看以下八个方面。

邀请父母看见彼此的力量

当家庭陷入危机，尤其当孩子出现类似该案例的情况的时候，丰富父母作为一个团队的力量是非常重要的，可以看看如下方面。

- 妈妈最不容易的地方是什么？
- 爸爸最不容易的地方是什么？
- 在爸爸眼里，妈妈最不简单的地方是什么？
- 在妈妈眼里，爸爸最不简单的地方是什么？
- 作为父母的他们，是如何一直为这个家努力的？
- 他们如何在工作非常忙碌的情况下努力为人父母？
- 妻子看到丈夫在外地辛苦工作的同时，是怎么关心孩子的？丈夫最需要被感谢的地方是什么？
- 丈夫看到妻子刚换新工作，在努力和忙碌的同时，是怎么关心孩子的？妻子最需要被感谢的地方是什么？

咨询师在陪伴这对父母的时候，也看到了他们很多宝贵的地方。情况越紧急，越要看到父母的力量，激发出父母的力量之后，父母会更有底气去思考接下来该怎么做。尤其是目前，父母要和孩子交流是比较有挑战性的。

丰富父母对教育方式的反省与觉察

- 父母意识到教育方式不对，指的是什么？
- 父母想要努力学习改变，指的是什么？
- 愿意道歉、改变，代表他们是怎样的父母？

我觉得能够觉察、反省，愿意改变都是不简单的。有时候，孩子出现问题，父母可能会花很多时间去指责孩子，但是这对父母马上看到了自己需要调整的地方，这也是这对父母的力量。

父母达成共识对教育孩子的重要性

这对父母已经意识到原来他们可能没有达成共识，所以可以针对这一点进行工作。父母的教育理念不一样，这很常见，但有时父母教育理念的不一致往往无法协调。在咨询中，让这些不同且重要的部分得以表达，这很有必要。同时，这可以丰富父母教育孩子的力量。在达成共识上，我们可以打开一些对话空间。

- 探寻夫妻二人在教育理念上有哪些不同？让他们有机会表达。
- 探寻夫妻二人各自重视的教育理念是怎么形成的？
- 了解夫妻二人的过往经历，他们在童年、青少年时期接受教育的经历是什么？（人们对教育的看法往往与他们自己的受教育经历，即与他们父母的教育方法有关。）
- 按照夫妻二人各自重视的教育理念和价值观，他们最想给孩子的是什么？夫妻俩最希望对方可以如何理解自己的教育理念？两个人可以怎样互相理解？
- 未来夫妻俩变老后，这对老年夫妻可能会告诉现在的中年夫妻，可以如何在双方的教育理念出现差异的时候达成共识，更好地帮助孩子？（用老年的自己来陪现在的自己，这可能会激发出一些不同的想法。）

夫妻俩的教育理念的初衷肯定都是为了孩子好。如何将父母不同的宝藏在不同的时期给孩子，是我们可以努力的方向。

如果父母的想法不是竞争性的，不是彼此否定的，而是父母共同探索：在什么情境下适合用什么教育理念？那么孩子在学习的过程中，就可以融合父母双方的教育理念。

父母都想给孩子最好的。当自己的给予被伴侣否定的时候，是很令人难受的，所以父母也需要看看可以怎样理解彼此、接纳彼此，再找出一些方法共同往前走。

丰富父母教育孩子的力量

父母需要如何互相支持和鼓励？为人父母是一份艰难的工作，所以让夫妻有机会在为人父母的艰难过程中彼此支持、彼此鼓励，是我们在咨询中可以试着陪他们做的事情。

可以尝试对父母说，教育孩子是一项艰巨的工程，有时候吃力不讨好，何况孩子年纪还小，不一定能够理解父母的善意，反而会和父母起冲突。父母可能会觉得受打击，感到挫败、无力。夫妻间彼此的扶持，会让教育孩子这项事业显得不那么孤独，还能给彼此力量去引导尚未长大的孩子。这对夫妻感情不错，而且可以一起来做咨询，说明他们本身就相互支持，咨询师可以就这个部分再做点工作，也可以与他们讨论以下问题。
- 在教育孩子的挑战中，对方什么样的支持和关心会带来前行的力量？

（妻子看看丈夫可以怎么支持她，丈夫也看看妻子可以怎么支持他。）
- 对方怎么表达，可能会打击自己，令自己泄气？
- 两人可以如何向对方学习？
- 什么样的关注会给彼此勇气和持之以恒的力量？
- 对方的支持会给彼此怎样的力量？什么支持可以让自己在为人父母的过程中更有自信，做得更好？
- 当孩子感受到妈妈的力量或爸爸的力量时，孩子最大的收获是什么？

教育孩子是有挑战的。在父母养育孩子的过程中，有些孩子不想与父母沟通，这无论对于父母还是孩子，都是一种煎熬。

由于前期父母教育方式的一些偏差，可能孩子现在还无法与父母很好地联结。这个时候，父母可以互相关心，而不是相互指责。用关心给对方带来力量，继而不断地去看如何更好地往前走。

父母如何互相支持、鼓励

来访者夫妇提到希望处理好情绪，所以咨询师可以帮助他们看看，如何关注自身的情绪。我想到如下一些陪伴他们处理情绪的方案，可能不一定能立即达到目标，但可以鼓励他们一起看看。
- 什么样的情绪流动才可以让这个家庭更好？
- 夫妻俩的情绪一般是怎么产生的？
- 情绪出现的时候，他们各自觉得对自己、爱人、孩子的影响是什么？（打开情绪的对话空间。）
- 夫妻俩希望情绪可以怎么被关照？怎么关照情绪对这个家是重要的？
- 当情绪出现的时候，自己会怎么照顾情绪？

- 情绪有时针对自己，有时针对爱人，有时针对孩子。当夫妻有情绪的时候，希望对方可以如何陪伴自己的情绪？
- 面对自己和对方的情绪，最具挑战性的地方是什么？

情绪是一种很微妙的东西，需要进行多方面的理解。在日常生活中，我们不一定有机会关照情绪。这些关于情绪的对话不仅可以打开一些探索情绪的空间，也可以促进夫妻共同商量，寻找陪伴彼此情绪的方案。

- 情绪是怎么形成的？
- 情绪需要怎么被关注？
- 我们希望伴侣可以怎么关注我们的情绪？（*在咨询中很需要这种关注细节的对话，因为大部分夫妻和父母可能都没有机会这么做。*）

夫妻在共同商量陪伴彼此情绪的方案时，不批评，试着去聆听、了解、接纳、允许和陪伴。可以用外化拟人化的问话方式。

- 丈夫可以问妻子，"情绪"如果会说话，妻子希望丈夫怎么关心"情绪"？
- "情绪"如果会说话，"情绪"希望主人可以怎么关心它？

情绪的对话特别有价值，当一个家庭能进行这样的对话时，大家都可以用不一样的方法跟情绪在一起。

这个案例的确是一个危机干预的案例。什么时候用这些方式和理念会有帮助？什么时候要暂缓一下？这不能一概而论，需要根据当时的情境定夺。

有些咨询思路的实现可能需要一些时间，所以，就这个案例的实际情况而言，等到父母和孩子的关系修复得比较好的时候，就可以陪伴孩子建立属于孩子的情绪处理方案。孩子怎样理解自己的情绪，怎样面对自己的情绪，父母怎样引导孩子，都属于非常宝贵的生命教育的内容。

在我过往的咨询中，有的成人来访者会说，他小时候没有学过如何与自己的情绪在一起,为人父母之后,还是用原来的方式对待情绪,结果自己不舒服,孩子也不舒服,此时他才感觉到自己处理情绪的方法不太恰当。所以,一旦父母有机会陪伴彼此的情绪,带着一种开放、接纳的方式再陪伴孩子,会特别有意义。面对情绪是一辈子的功课。"情绪"可以创造关系,包括家庭关系、婚姻关系、亲子关系、人际关系、组织中的关系,所以"情绪"是特别宝贵的资源。

在这个案例中,尽管目前为止,孩子还不想和父母说话,但这是可以努力的方向。等到亲子关系改善的时候,父母可以试着陪伴孩子处理情绪,让孩子理解情绪背后的渴望。

- 孩子有愤怒、有恨,孩子有各种各样的情绪,要如何陪伴这些情绪?
- 让孩子通过情绪去理解自己在乎的东西是什么,让孩子找到适合他和情绪相处的方法。(情绪是生活中另一个很重要的朋友,很需要被看见、被理解。)
- 父母怎样帮助孩子培养管理情绪的能力和自信?

情绪是很自然,也是很重要的表达。我们需要学习的是如何让情绪更好地流淌,让情绪在流淌中成长,在关系中表达。陪伴和探索孩子的情绪,需要父母关心的对话。首先,父母陪伴彼此;其次,父母陪伴孩子探索情绪;最后,在未来,所有家庭成员可以共同创建全家人的情绪处理方案。因为家人在一起,或多或少会有各种各样的情绪。当情绪出现在这个家庭中,怎样邀请全家人共同讨论情绪?怎样不会被情绪绑架?怎么做才对这个家庭更好?大家可以分享自己的观点,通过观察员的视角,也会带给我们很多新的理解。

- 自己有哪些情绪?通常在什么情况下出现?
- 你看到其他家人会出现哪些不同的情绪?有时父母会看到孩子的情绪,有时孩子会看到父母的情绪。做彼此的观察员,看看家人的不同情绪是在哪些情况下出现的?
- 全家人可以聊一聊,发生什么事情的时候会让情绪更强烈?发生什么事情的时候可以安抚大家的情绪?
- 可以做些什么来陪伴其他家人的情绪?
- 当平复情绪不再是一个人的事情,而是全家人都共同关照情绪时,这可以为这个家带来什么?
- 全家人可以如何感谢彼此对家庭中的情绪的陪伴?

在后现代的观点里,"情绪"与关系有关。当情绪在关系中被看见和理解的时候,情绪就会转化成美好的东西。当情绪在关系中没有机会被理解和回应的时候,情绪也许就会变得更强烈、更糟糕,甚至破坏关系。

关系中的"情绪"可以激发出怎样的资源?通过这样的问话,可以邀请这个家庭从情绪中看到他们关系的力量和关系的陪伴。

另外,来访者提到想用协商的方式和孩子解决问题。从这里我们可以看出,随着孩子的长大,来访者夫妻也在不断地调整他们的教育方式。我们看到了这对夫妻为人父母的弹性,这特别难得。如何陪伴父母建构属于他们和孩子的沟通方式?

- 用协商的方式和孩子解决问题,指的是什么?
- 这种方式和父母原来的方式有什么不同?
- 协商的方式可能会给孩子带来怎样不同的影响和效果?
- 探讨"协商"可能需要哪些元素?夫妻各自擅长的是什么?可以如何分工合作来陪伴孩子?

我们常说夫妻就像一个团队,可能妻子擅长的东西和丈夫擅长的东西不一样,而孩子在成长过程中,需要各种各样能力的陪伴和支持,所以夫妻可以分工合作来陪伴孩子。鼓励来访者夫妻把"协商沟通"当作一个实验,因为新的交流方式需要练习。同时,孩子也需要重新调整,和父母用不同的方式交流。这对孩子的成长而言，是一个非常重要的里程碑。

父母尝试和孩子协商沟通，夫妻二人也可以定期讨论，这种新的实验对话进行得如何？哪些地方不容易？可以如何逐步调整、支持、鼓励彼此？

我一直认为父母是探险家，在不断地实验：用哪种方法比较好？我们不能期待作为父母能一步到位，而是允许父母不断尝试，看看怎样做更好。为人父母是一个实验的过程。愿意努力的父母，就是宝贵的父母。和孩子交流协商，沟通解决问题，让问题和亲子关系都进入"流动"的状态。

通过陪伴父母，让父母更好地陪伴孩子

这个案例中的孩子不想找专业咨询师帮忙，咨询师可以作为父母背后的顾问，给予父母全力支持。咨询师在陪伴父母的过程中，有如下四个可以工作的要点。

疗愈关系

在这个案例中，亲子关系已经受损，所以在咨询中，很重要的一点就是疗愈关系。

虽然父母道过歉，但关系并没有修复，此时可能需要更细致的道歉。在疗愈关系的过程中，我们可以针对道歉进行工作。

父母能够向孩子道歉，这特别让人感动。孩子并没有要求父母一定要做到完美，孩子更需要的是父母学习的意愿。孩子可以表达自己的不满，这也是很重要的一件事。在关系逐渐修复之后，可以引导孩子表达情绪，这是另一个可以努力的方向。

"道歉"是非常宝贵的亲子关系的开始。在咨询中，道歉包括许多细节和过程，通常要在一段时间之后，才能好好地关照道歉的细节对话。一般在咨询中，最理想的情况是全家人坐在一起，咨询师慢慢地陪伴这家人。打开关系中的这种道歉是需要很用心的，但是因为这个案例中的孩子不愿意做咨

询，所以咨询师可以先陪伴父母探讨一些道歉的细节，然后父母再看看可以怎么做。

道歉不是要弱化父母

针对作为父母应负的责任和应做的事情，父母愿意为自己没有做好的地方或无意间伤害孩子的部分，诚挚地道歉，这非常宝贵。但是，父母不能期待孩子马上接受。

有些父母会感到挫败，他们会想：我们都道歉了，为何孩子还不理睬我们、不接纳我们？好像道歉没有用。其实，孩子如果不能接受，就代表可能还有很多亲子关系的工作需要努力去做，不能着急。

在道歉的过程中，父母依然是父母，该管教的地方还是要管教，该规范的地方还是要规范，还是要坚定地尽父母应尽的义务，而不是什么都顺着孩子。如果说陪伴孩子长大的过程，是一个协商沟通的过程，那么道歉的过程，就是带着对孩子的理解为人父母和引领孩子的过程。

我在很多咨询中发现，在教育孩子方面，有一些父母因为意识到自己做错了，所以在向孩子道歉之后，一直在弥补，最后变成溺爱孩子、纵容孩子，导致父母道歉之后反而无法尽父母应尽之责了。基于此，我要特别强调这一点。

道歉的细节因人而异

根据这个案例的情况，我大概列出几项。然后，咨询师可以陪伴父母探讨还有哪些道歉的细节。

我的主要思路是聆听父母的行为对孩子的影响。如果孩子不愿意说，父母可以尝试揣摩一下其行为对孩子的影响，替孩子说。父母带着这些理解，可以通过写信的方式道歉。比如过往父母没有好好理解孩子，加上父母工作忙碌，导致孩子的成长过程很孤单、很不容易，试着聆听孩子的一些感受或想法。

比如，妈妈当时太着急了，把孩子的手机扔了。事后想一想，手机游戏可能才是真正日夜陪伴孩子长大的好朋友——现在很多孩子离不开手机，离不开手机游戏，是因为手机已经成为他们生活里非常重要的朋友，或重要的家人。妈妈把孩子的好朋友扔掉，这是一件很残酷的事情。

再如，妈妈一年前刚换新工作，工作忙、压力大，回到家对孩子失去了耐心，看到孩子玩手机游戏，情绪就爆发了，只关注他没有做功课，而没有冷静聆听孩子的说法。孩子可能也觉得妈妈并不关心他，只会对他提要求。

道歉的过程，也是咨询师陪伴父母理解他们的觉察的过程。这对父母觉察得很快，他们自己已经看到了很多，这样的道歉是很有潜力、很有希望的。而有一些来访者，可能还没想到道歉这件事，咨询师要做更多的工作，让他们看到道歉的重要性，引导他们向孩子道歉。

道歉是父母试着去理解和表达

从小学到初一是一个很重要的过渡期，孩子在长大，也在探索自己是谁。疫情期间孩子不能上学，只能待在家里上网课，这是一件很困难的事情。在这个特殊时期，父母需要上班，忽略了孩子，没有做好父母该做的事。父母对此缺少理解，或者即使内心理解却没有表达出来，从而影响了亲子关系和亲子沟通。所以，父母试着去理解和表达是尤为重要的。

对"打"道歉

过去孩子做错事的时候，父母一向会用打骂的方式教育孩子，特别是爸爸。父母以为"打"可以让孩子调整、改正不好的行为，但是现在才发现"打"只会让孩子更愤怒，因为孩子没有机会被理解。用"打"来强迫孩子改正，父母并没有给孩子机会表达，孩子无法告诉父母自己在成长过程中到底发生了什么。孩子被压抑着长大，这让孩子很不快乐。当父母意识到"打"的教育方式不恰当时，就需要对此道歉。

以我的经验，父母向孩子道歉非常宝贵，是一个好的开始。当然，道歉包含很多具体的细节。甚至有时在道歉时还可以表达，如果时光倒流，父母会用怎样不同的方式面对当时的孩子。用这种改写的方式，让父母和孩子都看到未来的关系。

有时，可能孩子并不会回答，只是默默地听。出现这种情况时，咨询师可以陪伴父母看看怎样让孩子听见道歉的细节和内容。道歉是需要过程的，不会那么快。当孩子有机会慢慢地看到父母的诚意，可能就会慢慢地发生一些变化。

道歉是疗愈关系中一个很重要的方面，在不同的案例里，疗愈关系的契机可能不一样。在这个案例里，我觉得"道歉"是一个宝贵的契机，咨询师可以看看，父母认为如果要疗愈受伤的关系，还可以做些什么。

建立信任

1. 父母可能需要拓宽对手机游戏的理解，我们怎么重新理解玩手机游戏这件事？
2. 陪伴孩子培养管理手机使用的能力。
3. 和孩子一起看看关于手机使用公约的对话，这其中有很多细节。
4. 如何通过手机创造关系和温暖？

我想先谈一下我对手机游戏的理解。现今，孩子喜欢玩手机游戏已经成为一种趋势，我们无法阻挡，也无法回到过去那个没有手机游戏的时代。再加上手机游戏不断推陈出新，像时尚一样，在不同的时间总有当下流行的手机游戏。

如果同学都在玩某些手机游戏，而孩子的父母不准孩子玩，这势必会造成父母和孩子间的冲突。这不仅关乎父母对孩子的管教问题，还有孩子在同侪间的归属感和不被排挤感，甚至还牵涉孩子的自我价值和自信心等更深层的心理状态。这就是为什么许多孩子被父母制止玩手机游戏的时候，会极力反抗，导致亲子冲突，破坏亲子间最宝贵的关系。

孩子依恋手机游戏，有时似乎是孩子为了让自己融入社会而努力，为了不被隔离、不被排挤而努力的表现。不论是玩手机游戏，还是参与网络上各种各样的活动，这些都与社交相关，涉及的东西很多。

另外，手机也是孩子交友的方式，是孩子获得外界信息的来源。除了游戏，手机里还呈现了许多丰富的娱乐产品。手机就是孩子的生命，孩子的生活，可能也是孩子成长中很重要的陪伴者。

其实，成人也非常依赖手机，我们使用手机来工作、生活、社交、购物、学习、娱乐消遣等。我们要怎样陪伴孩子面对他们的手机游戏呢？为了更好地陪伴孩子在他们的世界中成长，家长首先可以试着对孩子玩的游戏产生好奇。当今孩子最喜欢玩的手机游戏有哪些？每一种游戏的特点是什么？需要具备什么能力才能把这些游戏玩好？进入孩子的游戏世界，才更容易理解孩子。

有一些父母因为孩子玩游戏而和孩子变成两个世界的人，产生一种失去孩子的感觉。也有些父母因为孩子玩游戏，自己也开始了解游戏、玩游戏，甚至游戏技巧比孩子更厉害，与孩子有共同语言，这个时候孩子就会崇拜父母，愿意受父母的影响。因此，作为父母，需要多加思考，可以试着理解以下方面。

- 玩这些游戏需要多长时间？
- 玩这些游戏的挑战是什么？在游戏中，孩子学到最多的是什么？
- 玩游戏会如何促进孩子与同学的关系？
- 孩子可以把游戏给父母看，让父母亲身体验一下。如果父母有兴趣，也可以请教孩子怎么玩游戏。

当父母试着了解一些游戏的时候，会用孩子熟悉的语言和孩子讨论，或者问孩子一些问题，此时亲子关系就不一样了。孩子会觉得自己是被父母接纳的，甚至自己可以当父母的小老师。

父母可能不清楚孩子在玩什么游戏，也不太理解游戏好玩的地方在哪里，所以父母对孩子玩的手机游戏一般很陌生。对孩子玩的游戏表示好奇，会让孩子觉得他有机会教父母新东西，进而增强孩子的自信心，促进亲子关系。亲子关系也会逐步得到修复，孩子对父母信任感逐步得以提升。接下来很重要的一件事是带着相信的眼光陪伴孩子探索，他将如何找到玩手机游戏和学习之间的平衡。

孩子渴望自由，也要在自由和自律中找到平衡、获得成长。一旦达到平衡，孩子就是手机的主人，而不是他听从手机的指挥。所以，父母不要否定手机游戏，而是在孩子的生活中对手机游戏进行整合。这个时候父母的陪伴非常重要，因为孩子年纪小，有时游戏远比上学、上课有趣，所以孩子会完全被手机游戏吸引，不想上学，这是可以理解的。在孩子的成长过程中，孩子的任务包含上学，所以从玩游戏过渡到上学，是一种成长的仪式。上学需要孩子克制自己玩耍的欲望，正经地坐在教室里，或者在疫情时期坐在家里上网课。这种克制自己玩耍的欲望，是孩子在成长过程中要学习的重要能力。

手机和网络游戏都非常有趣，孩子又特别喜欢有趣的东西，老师和家长不能只是指责孩子玩游戏，而是要引领孩子发展他的潜力，练习怎么玩才有利于他的未来。父母可以逐步邀请孩子探索怎么克制自己玩耍的欲望。在父母的陪伴下，通过探索的对话，孩子可以逐步培养出克制玩耍欲望的能力，也能够好好上课、上学，这都是成长的一部分，我们要相信孩子是可以做到的。当孩子被相信的时候，就可以发展新的能力。

每一个孩子都很在乎父母，父母对孩子也抱有期待。孩子要看到自己的责任，既可以玩耍，又有责任去做该做的事情。

通常幼儿的任务主要是好好玩耍，但是随着孩子逐渐长大，除了玩耍，还需要学习长大所要具备的能力，学习如何更好地尽自己的责任。这是为了让孩子储备更多长大需要的能力。克制自己想玩耍的欲望，就是成长中重要、宝贵的能力。

在孩子慢慢练习克制自己想玩耍的能力，调整自己玩手机的时间的时候，父母的鼓励特别重要。父母可以对孩子说："虽然你想玩，但爸爸妈妈看到你在努力调整，特别棒！"当孩子得到这样的鼓励时，就能够克制自己想玩的欲望，平衡学习和玩手机这两种活动。

我分享一种"搭建脚手架的问话"，或许它可以陪伴孩子逐步成长，培养孩子管理手机使用的能力。对于这些分享，父母不要觉得有压力，抓住精髓，用自己觉得舒服的方式陪伴孩子。

- 玩游戏让你最开心的地方是什么？
- 玩游戏可以让你学到什么？
- 玩游戏对于交朋友可以带来哪些帮助？（不把游戏当作"敌人"，而是当作孩子的朋友，所以玩游戏是件好事，为孩子的生活带来了丰富性。）
- 上学对你来说意味着什么？
- 上学最具有挑战性的地方是什么？
- 现在的你在上学方面遇到了困难，能不能让爸爸妈妈陪你一起看看该怎么处理？

玩游戏和上学都可以成为孩子的朋友，但它们有很大的差别。我们知道玩游戏一般都让人很开心，而上学对一些孩子来说是不开心的体验。上学可能远比手机游戏无聊、无趣，但这是孩子的责任，这是被社会和家庭所期待的责任。如果孩子对上学不感兴趣，沉迷玩游戏，那么可以找机会和"玩游戏"聊一聊。可以进行外化拟人化的问话，把"玩游戏"当作朋友，请教它。

- 我不开心，不想上学，但是大人期待我去上学。"玩游戏"，你对我有没有什么建议？
- 我觉得"玩游戏"充满了能量，而我对上学没什么兴趣。"玩游戏"，你会想对我说什么？

我不确定孩子会不会这么说，但是在外化拟人化的问话里，往往会出现很多意外的表达。当然，"玩游戏"和"无聊的上学"之间也可以对话。当

"无聊的上学"把"玩游戏"当成朋友，去请教它的时候，也许"玩游戏"会有以下外化拟人化的回应。

- 如果生活中只有玩游戏，好像也不行。否则，等你20岁的时候，初中还没有毕业，你可能没有社会地位。
- 其实你很聪明，这难不倒你。你可以争取让妈妈给你买手机，但你需要和妈妈商量，如何兼顾玩手机和上学，否则如果她下回再把你的手机扔了，你可能就再也没有手机了。

如果把"玩游戏"拟人化，它可能还会对"无聊的上学"说：

- 你是爸爸妈妈的孩子，他们对你有期待，他们也是为你的未来着想。你作为孩子，也要付出一些努力，不能只享受玩游戏的乐趣，而没有尽到自己的义务。

当然我们不确定对话会不会这样进行，但是我想当父母和孩子的关系有所改善，父母也在逐步改变的时候，很多事情都有可能发生。

另外，如果有机会，可以看看20岁的孩子。

- 20岁的自己会在做什么？
- 现在13岁的自己对20岁的自己的盼望是什么？
- 20岁的自己看到13岁的自己的状态，会告诉13岁的自己什么，以此来关心13岁的自己？（*看看用哪些方式可以与这个孩子建立联结。*）

还有一个很重要的议题，就是建立手机使用公约。

孩子的手机被妈妈扔了，孩子可以如何拿回他的手机？因为手机对他来说非常重要。父母让孩子拿回手机并不是溺爱孩子的表现，当孩子可以为自己应该承担的责任而努力的时候，可以允许孩子拿回手机。但是需要建立手机使用公约。

手机游戏对孩子的重要性是什么？他要如何争取再拥有手机？对于未来，

他要承担的责任是什么？让孩子表达他会如何既满足自己玩游戏的需要，也练习承担为未来的自己投资和去上学的责任。

从妈妈把手机扔掉这件事中，我们似乎看不到孩子为上学付出的努力。没有了手机，孩子似乎变得无精打采。让孩子争取自己的权益，为自己付出一些努力，这是很重要的。孩子可以付出怎样的努力，以让父母了解他可以平衡玩游戏和学习，这些都是建立手机使用公约需要讨论的内容。

我分享一些具体的手机使用公约的事项，仅供参考。咨询师可以和这对父母讨论，如何安排周一到周五的时间表，包括网课学习时间、游戏时间、休息时间等。同时也可以进行如下对话。

- 20 岁的自己可以如何陪伴现在 13 岁的自己上网课？（在疫情期间某些线下学习形式可能不现实，所以要理解孩子的需要，如果可以，网络家教也是一种可选择的方式。）
- 20 岁的自己可以如何陪伴 13 岁的自己玩手机游戏？
- 20 岁的自己会如何感谢现在的自己，感谢他愿意为未来的自己努力学习？

依据我的经验，孩子想玩什么都可以理解。但是如果我们让他想象长大后的自己，让长大后的自己陪伴现在的自己，这种长大的感觉可能会激发出不一样的东西。

关于公约的具体事项，有两个比较重要的部分：①周一到周五的计划安排；②周末的计划安排。比如：学习、玩手机、孩子教父母玩游戏、亲子活动、打球、到郊外散步、一起大扫除等，都可以作为公约事项。当然父母都很忙，也不能为难父母，孩子和父母一起看看可以怎么安排，或者让爷爷奶奶参与进来。

孩子在努力争取拿回手机的时候，我们不能期待孩子百分百执行公约，但在这个过程中，要看到他的努力。

当孩子无法履行公约时，需要自己承担一些后果。比如，妈妈上班时把孩子的手机带走，晚上回到家再还给孩子；如果孩子连续一周都没有达到公约的标准，爸爸出差时可能就会拿走孩子的手机，几天以后爸爸出差回来才能还给孩子。这些都是可以协商的。

当孩子顺利履行了手机使用公约的时候，父母也可以予以孩子奖励。比如，给孩子买最新的游戏软件，让孩子更流畅地玩游戏，或者其他奖励。

我认为，创造机会让孩子努力拿回他的手机，这是建立亲子信任关系中一个可以工作的要点。通过手机创造温暖，也是建立信任关系不可或缺的条件。不要让手机成为亲子拉锯战的导火索，当孩子在父母的陪伴下培养出管理和使用手机的能力之后，让手机成为拉近亲子关系的媒介，这是值得父母努力的方向。

在日常生活中，父母除了用手机发一些提醒孩子的信息外，也可以试着对孩子发一些表达关心的内容。

- 今天阳光很棒，下课可以去操场晒晒太阳。
- 下周二是爸爸的生日，我们想想，给爸爸准备什么礼物？等你放学回家后，我们一起偷偷讨论。
- 今晚妈妈可以早点回家，妈妈会做些你和爸爸、爷爷、奶奶爱吃的菜，我们一起吃晚餐。
- 爸爸出差好几天没看到你，很想念你。
- 宝贝，这几天上学感觉怎么样？爷爷奶奶今晚会做你最爱吃的红烧牛肉，希望你今天上学愉快。
- 今天是你生日，生日快乐！晚上我们一起庆祝。

手机是现代生活中很重要的东西，如果手机能带来联结、温暖、关系和表达，何尝不是一件令我们感到欣喜的事情呢。很多人说，通过手机发送的信息往往是事务性的，但我觉得除了事务性的信息外，还可以通过手机传递情感内容。我常说，家人的关系可以肉麻一点，常常向孩子传达这样的信息，会温暖孩子的心，让他觉得在父母心里，他是重要的、宝贵的，是值得父母去关心的。有时候父母工作比较忙，不一定有机会这样表达，但可以试一试。

通过手机创造温暖的关系，还包括看到孩子的优点，看到孩子的力量。当孩子热爱玩游戏时，我们要看到孩子的这种热情也是一种力量，试着从玩游戏中找到孩子的闪光点。另外，孩子需要"被妈妈信任"指的是什么？被信任会如何促进母子关系？这都是创造温暖的关系时需要表达的。

一个上初一的 13 岁孩子觉得自己没有被妈妈信任，他有这样的想法，我觉得他特别聪明。所有的孩子都希望被信任，他能一针见血地表达出来，这是很宝贵的，所以这是可以工作的一个要点。

如何打开信任的空间？有时候，父母不是故意不信任孩子，而是过于担心孩子。不被信任，对孩子来说是一件很沮丧的事情。如何努力理解孩子的"被信任"，陪伴妈妈看看怎样和孩子共同建立信任的关系，这都是咨询师可以努力的方向。

孩子说他的朋友本来就很少，手机没了，朋友也没了。说明孩子在玩手机游戏的过程中会和朋友交流，所以他很珍惜这难得的几个朋友。我们可以理解，这些交流对孩子的重要性是什么？

由于父母要打拼事业，工作比较忙碌，在孩子的成长过程中，很少有时间陪伴孩子。这对于孩子来说，不容易的地方是什么？我们是生活在挑战中的一代人，父母不容易，孩子也很不容易。学习了心理学之后，我们会明白很多地方应该选择重质不重量，因此，有时候，几句话的陪伴能抵得上很多时间的陪伴。

父母坚守信念，引领孩子成长

青春期是孩子人格形成和完善的关键期，父母坚守信念，也能给孩子做榜样，指引孩子未来的人生方向。"遵守约定"的亲子对话，是父母坚守信念、引领孩子成长的一种形式。这对于孩子的价值观、人生观、世界观的形成尤为重要。可能孩子原来做不到遵守约定，但是"遵守约定"和"诚信待人"

的亲子对话空间都是可以推动和打开的。

在"遵守约定"的亲子对话中，可以试着理解孩子在遵守约定方面的困难是什么？和孩子讨论，什么样的约定比较容易遵守？什么样的约定父母可以接受？当孩子无法遵守共同商讨得出的约定的时候，有哪里可以再调整？孩子可能需要承担什么小后果？这里所说的小后果可能包括：孩子喜欢的活动减少一些；零用钱减少一些；周一到周五晚上不能玩手机，周六日才能玩；原来可以玩手机 1 小时，现在玩半小时等。这些小后果可以提醒孩子更好地遵守约定，也能促进孩子的学习。采取和孩子讨论的方式，孩子是可以接受的。

最关键的是，我们要知道，养育孩子不是要求父母取悦孩子。有时，父母爱孩子的同时可以对孩子提一些要求。父母要坚守信念，教孩子在约定中学习，在约定中理解、引领和鼓励孩子。约定不是一成不变的，是有弹性的，即在孩子不同的年龄阶段，需要做适当的调整。

父母可以在未来亲子关系逐渐变好的时候，和孩子共同打开"诚信待人"的对话空间。可以和孩子探讨"诚信待人"指的是什么？孩子对"诚信待人"的看法是什么？共同陪伴孩子建立孩子可以理解的"诚信待人"的空间。

在这个家庭里，过去爸爸妈妈会打孩子，而现在孩子长大了，发生了孩子打妈妈的事情，孩子说是为了报复父母，其实亲子关系早就受到了影响。我认为，爸爸需要等关系有一些改善的时候，在一个轻松的氛围下（吃着冰激凌，或喝着饮料）约儿子谈话。两个男人坐下来聊天，聊一聊作为男性怎么尊重女性，听听孩子的想法。也可以聊一聊，妈妈是家里唯一的女性，可能妈妈有的时候心情不好，但是不可以对妈妈动手，妈妈也在调整，她未来也不会打儿子。妈妈可能要学习，看看怎么和孩子对话，毕竟孩子长大了。我觉得爸爸和儿子的这种关于不打女人的对话，会很有意义、很有价值。最后爸爸和儿子可以约定：作为男性不打女人，作为晚辈也不打骂长辈。

共同在忙碌中创建美好的家庭氛围

在这个父母都很忙碌的家庭里，爷爷奶奶是经常陪伴孩子的人。怎样邀请爷爷奶奶共同关心孩子，同样非常重要。

爷爷奶奶有时候对孩子说教，也是一种关心。爷爷奶奶是爸爸的父母，所以爸爸有机会可以私下感谢两位老人在家辛苦照顾孙子，并告诉老人在这个家里他们特别重要。因为爸爸妈妈比较忙，而爷爷奶奶在家的时间比较多，对孩子可能比较了解，如果他们看到孩子有哪些地方做得不好或做错了，可以告诉孩子的爸爸或妈妈。也可以坦诚地告诉两位老人，孩子因为和妈妈的冲突，心情比较低落，请他们帮忙在最近一段时间特别关注一下孩子的优点，鼓励孩子，往积极的方向引导孩子。

爷爷奶奶都非常关心孙子，我们不要评价和指责他们做法的对错，全家人能够在一起，每个人都应该特别珍惜。

对于特别需要得到尊重的青春期孩子，我们的家庭系统工作有时可能需要动用所有的家庭资源。虽然爷爷奶奶不一定会来做咨询，但我们可以通过爸爸或妈妈，看看爷爷奶奶能够做些什么。可能有时候爸爸使个眼色，爷爷就会说："哎呀，今天我孙子起得特别早。"孩子特别需要鼓励，我们也要用欣赏的眼光看待孩子。除了父母，也很有必要邀请家里的其他成员参与。

结语

在这个危机事件中，孩子通过愤怒传达了他的底线，这也激励了父母立即做出回应，立即寻找咨询师。感谢这个孩子的激烈反应，感谢这对父母的在乎和行动，这是个有魄力的家庭。在咨询师的用心陪伴下，全家一起努力，这个家庭会创造出新的关系、新的氛围。"冰冻三尺非一日之寒"，慢慢来，不要着急。

祝福这个孩子，祝福这个家，感谢这位咨询师。

最后我回应两个问题：①危机干预；②咨询费用。危机干预就是努力做好你能做的事情来降低风险，所以不能用平日非危机干预的咨询来要求我们怎么做。咨询师在这个时候，用危机干预的方式去回应家庭，是特别好的做法。

关于咨询费用的问题，我想说，学校咨询师在陪伴学校的学生和家长，履行分内的相关工作时，是不收费的。对于非校内的咨询，咨询师就需要想清楚：什么时候是免费的？什么时候是公益的？什么时候是收费的？想清楚之后，制定清晰的收费或免费的规定。切记，关于费用等事宜，需要一开始就让来访者知道你的收费机制，达成共识，然后再开始做咨询。除非在某些特殊时期或特殊情境下，比如疫情期间，可能会弹性地调整收费标准。当然，如果咨询师不调整收费标准也是可以的，需要视具体情况而定。

咨询师的回应

特别感谢吴老师，老师的督导给我提供了咨询的方向。在感谢老师的同时，我也想回应几点，这些是我印象特别深刻的地方。

1. 吴老师也觉得这是一个比较危急的事件，这让我有了一些被肯定的感觉，认识到自己这样做是可行的。

2. 吴老师提到，因为孩子现在不参与沟通，或者不来求助，所以我们要想办法丰富父母教育孩子的力量，我觉得这点特别重要。

3. 父母之间的支持和鼓励。一直以来，这对夫妻在教育孩子方面是有一些分歧的。爸爸觉得应该顺其自然，书读得好不好没有关系，只要做到诚信待人，做自己喜欢的事情就好；妈妈可能在这方面更细致一点，她认为如果只是这样教育孩子，孩子在未来的人生中可能会遇到一些挑战，所以她希望多做一点。在达成共识方面，吴老师认为可以多讨论，再进行一些两个人在一起的对话，这点对我的启发很大。

4. 父母给孩子道歉。我们平常对道歉的理解通常是和孩子说说自己哪里做得不好，或者在道歉中表达自己的感受、期待，希望孩子能够马上接纳，并且做出一些回应。但是，这样的道歉不一定都可以被孩子接受。比如这个案例，因为孩子和妈妈的冲突由来已久，关系受到了比较严重的破坏，孩子现在不能马上接受父母的道歉，妈妈就着急了。"我们都道歉了，孩子还不接受，要怎么办？"刚刚吴老师谈到道歉的仪式和细节，我觉得也是可以再和父母工作的地方，进一步打开对话空间。

5. 信任关系。现在孩子对父母不信任，父母觉得特别无奈和无力。吴老师提到，在进入孩子的手机世界的过程中建立信任，这一点让我印象深刻。事件本因手机而起，咨询要怎么切入？这里有很多的细节，我需要慢慢理解，也需要慢慢和来访者讨论。对于这对父母来说，这可能很有挑战性，但父母也要慢慢去尝试。

6. 使用手机公约。在我和这对父母对话的过程中，他们表示在这方面已经做了很多，但孩子就是做不到，之后就有点"破罐子破摔"。在咨询中我也了解到，来访者夫妇前期对此事的处理方式是：孩子只要一闹，他们就心软了，心软之后，就没有按约定执行。孩子不能承担破坏约定的后果，就导致了现在的情况越来越糟。在督导中，吴老师刚好提醒了这一点：爱，是有条件的、有立场的，这需要让孩子看到。所以，温柔的坚守，可能是父母要慢慢努力的方向。

7. 男人与男人之间的对话。这对夫妻感情很好，爸爸是不会打妈妈的。现在，孩子有这样的行为，是从哪里学到的？来访者也很疑惑。但是，通过男人和男人的对话，我相信孩子至少愿意和爸爸谈谈。咨询师如果能在这方面做些工作，对孩子来说，不管是在未来经营家庭，还是和异性交往方面，都特别宝贵。很值得陪伴父母进行这样的对话。

理 论 梳 理

第一，忙碌生活的教育反思。现代人的生活都很忙碌，父母如何反思对孩子的教育？反思之后如何行动？

第二，手机游戏的希望和对话空间。这个时代的孩子都会玩手机游戏，我们可能要用一种不一样的方法，看到手机游戏的希望，打开不同的对话空间。

第三，如何在道歉中拉近亲子关系。这是一个很细致的议题，需要逐步进行。我觉得能道歉的父母，也是很有力量的父母，需要积极关注和肯定。

第四，和孩子的约定的调整、演化、协商、对话。孩子可以从约定中学习很多，需要父母在实践中慢慢引领。

练 习

练习一 手机游戏的对话空间

注：可以和你的伴侣一起做这个练习。

不论你自己是否陪伴过孩子平衡手机游戏和学习，请思考你和伴侣的经验。

1. 如果你陪伴过自己或别人的孩子平衡手机游戏和学习，你和伴侣觉得最大的挑战是什么？

2. 在你的经验里，你和伴侣觉得对孩子最有帮助的心得是什么？

3. 在你的经验里，不同年纪的孩子在平衡手机游戏和学习的过程中，分别需要考虑的有哪些？

4. 在你的经验里，你和伴侣觉得孩子最需要什么？如何才能更好地支持孩子在玩手机游戏的同时兼顾学习？

结语

你可以和伴侣聊聊:你们在陪伴孩子的过程中,面对手机游戏与学习之间的平衡,你们的经验是什么?孩子需要的是什么?从你们自己的经验中去探索。

最后,再看看,这个练习对于你陪伴自己的孩子或别人的孩子平衡手机游戏和学习,带来的反思是什么?

(如果你单身或者没有孩子,可以访问别的孩子,和家人或好友探讨这个练习。)

练习二　陪伴孩子去陪伴他的情绪

每个人都会遇到一些事情,难免会产生情绪,将情绪用语言表达出来,对我们了解情绪很有帮助。这个练习就是为了让你了解你的情绪。可以和孩子聊聊,如何陪伴你的孩子去陪伴他的情绪。

访问孩子的时候,要带着好奇的态度,不指责、不批评。告诉你的孩子,爸爸妈妈需要他的帮助,邀请他协助爸爸或妈妈完成这个练习。并感谢孩子愿意帮忙。让孩子有机会说一说他经历过的情绪,情绪是怎么出现的?情绪需要如何被理解?情绪需要爸爸妈妈怎么跟它在一起?

如果你没有自己的孩子,可以访问别人家的孩子。通过这个练习,看看对于你思考孩子的情绪,会不会带来一些新的想法?

1. 在你的生活中,你发现自己曾出现过哪些情绪?(可以用画画、捏黏土、搭积木等形式,或用象征物来表达。)

2. 这些不同的情绪怎么会在不同的时间来拜访你?

3. 这些不同的情绪来拜访你时,会对你产生什么影响,或对你和爸爸妈妈的关系产生什么影响?对你和同学的关系产生什么影响?

4. 这些不同的情绪如果会说话,每一种情绪最在乎的是什么?最想被理解的又是什么?

5. 不同的情绪如果可以表达，当它们出现时，爸爸妈妈如何和它们在一起对它们会有帮助？

6. 当这些不同的情绪被理解和关心后，它们出现的方式可能会有什么不同？

结语

这个练习对于你思考孩子的情绪是否会带来一些新的启发和触动？

案例六督导思维导图

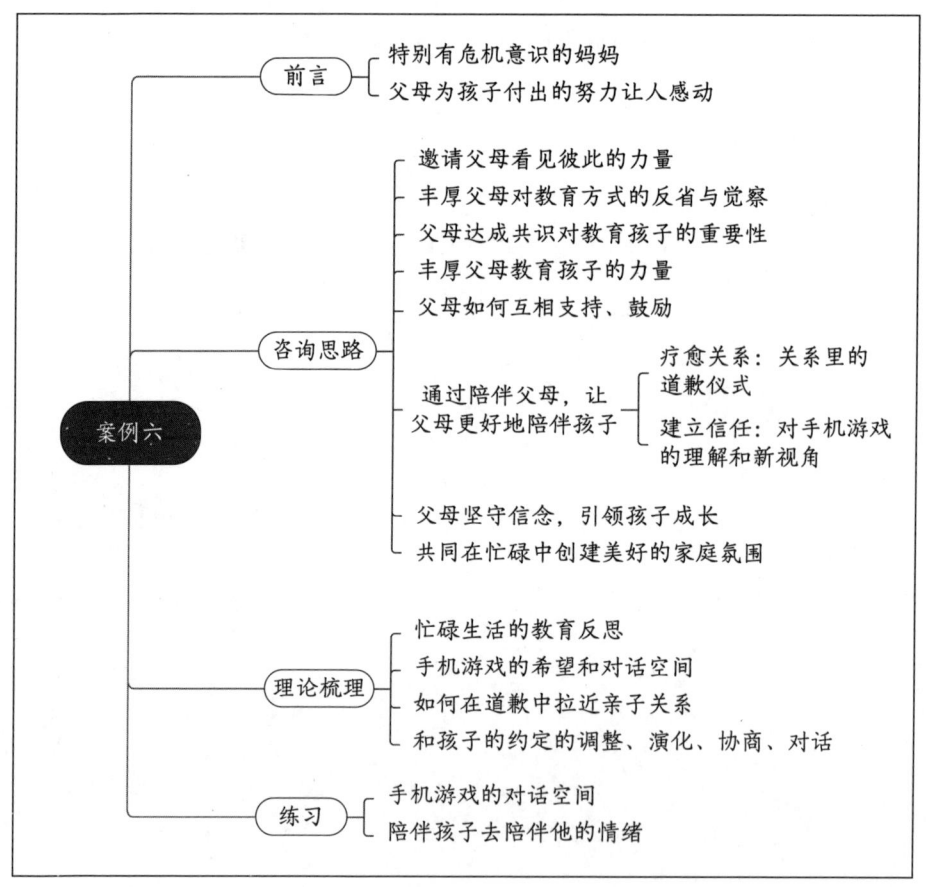

思维导图绘制：于晓阳

案例七　期待成为"教练式"好妈妈

　　该案例的来访者，无论作为一个妈妈，一个女儿，还是作为一个个体，在咨询师的陪伴下，愿意直视自己，探索自己渴望的母亲角色，都是很勇敢的。这个做"教练式"好妈妈愿望，以及为成为"教练式"好妈妈而努力的生命历程，非常有价值。

　　一名现代职场女性常常有很多角色，要活出每个角色的期待和精彩是非常不容易的，不仅需要精力和智慧，还需要长期的坚持，其过程也特别辛苦。在遇到困难的时候，她往往会专注问题，忽略了自己曾经的努力和坚持，忘记了自己曾经拥有的方法和智慧。

　　咨询师陪伴来访者，贴近来访者的脉络，提出一些好奇的问话，打开对来访者议题的多元对话空间。在来访者的述说里，看见来访者的辛苦和不容易，发现来访者的闪光点，捡回来访者曾经拥有而被忽略或忘记的力量和智慧，陪伴来访者探索她的生命历程，找到她想要的人生价值和意义。

　　该案例中的来访者坚持学习心理学4年，期待能够预防和解决儿子的青春期问题，想要做儿子的教练式好妈妈，陪伴儿子成长。她在家里践行所学，给孩子创造"特殊时光"，陪伴、教育孩子，自己努力看书学习想要给孩子传递人生道理和价值观。但是来访者在面对青春期儿子的一些状况时，不知道如何是好。

　　陪伴个案的咨询过程是很慢、很细致的，需要咨询师先放下自己的"真理"，贴近来访者文化、地域、个人成长、所在关系环境的脉络，贴近来访者重视和珍惜的生命历程，一步步去跟随、好奇、发现、确认。不断地丰富来访者的生命故事，使原来单薄的问题故事转变成丰富的、有价值的故事，让来访者在自己丰富的故事里得到滋养并壮大,然后再来看当下的问题,来访者就会有力量,也会用更多元的视角面对亲子关系,利用更多的资源优势面对青春期儿子的问题,对自己的生命也会有更多深入的了解。

在督导中,我挖掘了来访者的七个闪光点,可以通过细致好奇的问话,丰富每一个闪光点,陪伴来访者深入思考,看见自己不曾被看见的,感谢自己已经拥有的,探索自己内心深处想要的,理解自己的价值所在,发现自己独特的能力和优势,在反思中建构母亲角色与希望,以多元的视角看待青春期的儿子和亲子关系,如此,应对困难也就不成问题了。

个案报告

一般资料

来访者为女性,45岁,硕士,在科研单位工作,学习心理学4年。先生经商。夫妻俩育有一子一女,儿子16岁,在民办中学读初三;女儿5岁,上幼儿园中班。

来访原因

青春期儿子的教育和陪伴问题。

来访者的心理困惑

来访者自述,儿子目前读初三,在新冠疫情之前,有时候不去上学,不能按时完成作业,玩手机,听音乐,看小说,很晚才睡觉。

疫情期间学校统一安排网课,在家里学习,孩子的问题更加突出。他不遵守上课时间,也不按时完成作业,有时候不起床,在床上睡半天,甚至一整天都不学习。

来访者很着急,但不知道该如何是好。她学了很多教育孩子的方式,以为通过学习可以预防和解决孩子的青春期问题。但是，儿子的表现还是超出了她能接受的范围。

咨询过程描述

来访者这样表达过："我觉得，如果没有一些严重的问题，我就不太愿意和儿子建立联结。不知道是我自己不愿意，还是有别的原因，或者是能力问题。"

来访者曾读过《正面管教》这本书，认为书中提到的"特殊时光"很重要，也会要求丈夫和自己一起创造家里的"特殊时光"，但丈夫总是拖拉，往往需要她敦促。家庭会议也要在她的敦促下实行。

关于"特殊时光"这件事，她提出了很多年，甚至把这四个字写在家里的涂鸦墙上，但现在也没建立起"特殊时光"的习惯。只有在出现一些很严重的问题的时候，她才会把"特殊时光"当作一件很重要的事情来做，一旦孩子们的行为有所改善，她又马上把教育孩子的事放到一边，忙她自己的事情了。

来访者觉得教育应该是教练式的。孩子是司机，家长总是要坐在副驾驶座上，而不是让孩子自己一个人开车。她现在的做法基本上是让孩子一个人开车，等孩子横冲直撞，发生重大问题的时候，她才会出现。她认为自己不是坐在副驾驶座上，而是坐在非常靠后的位置上，就像公交车的最后一排，直到孩子把车开得一塌糊涂，她才会走到前面去干预。

来访者希望自己可以像自己说的那样，成为坐在副驾驶座上的教练，和孩子们建立良好的亲密关系，又可以成为他们生命的领路人。

咨询师和来访者是一起学习心理学的同学，两人在一个学员群里，也是一起参加此次督导的学员。因为大家都是新手咨询师，所以约定每周在线上一起做一次咨询练习。因为来访者在微信聊天中提到了儿子的状态以及自己的无力感，于是双方商量，决定以此为议题做一次线上咨询。因为前期两人通过微信聊过天，来访者描述过她的儿子和她自己的状态，算有过前期的信息收集，所以咨询只做了一次。

在咨询前期，来访者提到了很多关系，为了聚焦在一个问题上，咨询师和来访者讨论本次咨询希望讨论什么议题。咨询师的问题还没说完，来访者就提出希望把每次咨询当成最后一次来做。（听到来访者这样说，咨询师有些紧张，感到自己的节奏被打乱了，有点不知所措。）

来访者希望自己是"坐在副驾驶座上的教练"，既和孩子们有很好的关系，又是他们生命的领路人。于是咨询师和来访者共同决定，将"把困扰中的期待找出来"作为咨询的主题，开始本次咨询。咨询中有以下三个重点。

有关"坚定"的理解和讨论

来访者有学习正面管教的经历，正面管教中倡导"和善而坚定"，然而从她对亲子关系的描述中，咨询师感到来访者行为和善有余，坚定不足，于是和来访者就此展开讨论。

讨论中，来访者说发现自己关于"坚定"的信念很可笑，她认为的"坚定"是"你一定要怎样"，是不带有理解的，是不可改变的。现在她对坚定的理解有点改变了：坚定要建立在理解孩子的基础之上，可能他这一次的行为是不好的，但是要理解他，同时努力引导他纠正和改变一些不恰当的行为。

接着，咨询师和来访者讨论了哪方面要坚定？来访者意识到，自己可能对儿子的关注不够。当儿子有一些问题的时候，自己根本看不见，让儿子独自开"公交车"，而她坐在"公交车"上刷手机。

当来访者用这个隐喻形容自己的状态时，她觉察到，当沉浸在她自己的世界里时，就完全注意不到儿子，以及儿子有可能出现问题的状态。所以来访者认为坚定是指要和孩子拥有"特殊时光"，坚持对孩子的关注，和孩子保持联结。

探讨"驾驶员""副驾驶座上的教练"等隐喻角色

咨询师和来访者在讨论中厘清了"教练"的职责，即有时要教导，有时要提前关注、提醒，有时可以看风景。

来访者说自己知道很多方法，也知道这件事情很重要，但就是没有做。

疫情期间，因为在家里的时间相对多了一些，自己就看了儿子让她看的小说，看了一部儿子让她看的动画片，还就此和儿子聊了聊，感觉儿子很开心。而之前，自己一直以没有时间为由拒绝了儿子的这些分享和邀请。

咨询在这里停留了很长时间，因为来访者觉得自己一直知道怎么做，但就是做不到。所以咨询师和来访者探索了"是什么阻碍了她的行动"。在这里，来访者提到了自己的原生家庭，说自己是家里最小的孩子，家里的事情基本上都不需要她参与，所有重大决定也不需要她参与。家里如果有什么困难，也不会和她说，过后家人却会埋怨她不懂事。

来访者回忆起一个细节，从前有段时间哥哥姐姐都出国留学了，家里经济比较紧张，但她并不知道家里出现经济拮据的状况，自己的花销比较大，于是遭到家人的埋怨。这让来访者觉得自己是一个没有价值的人，特别想去外面寻求价值感。

关于来访者价值取向的讨论

如果别人主动做了她想做的事情，她就会非常、非常不开心，也会对这个人非常、非常排斥。来访者用了好几个"非常"来表达。她说这可能与自己是家里最小的孩子有关，做事比较任性，想到了就要去做，做的时候一旦受到阻碍，就会很难受。

谈到这里，来访者发现自己好像把关注点都放在了自己身上，而较少放在孩子身上。咨询师也感受到来访者把很多时间放在自己的工作、学习上，对于生活和孩子，好像如她所说的那般，只有出现严重问题时才会处理。

于是，咨询师邀请来访者一起做一个测试，让来访者对健康、事业、家庭和财富做一个排序，希望通过这种方式让来访者看到自己心灵深处更真实的需求。

来访者认为用"事业"这个词太狭窄，于是将"事业"改为"成就"。即讨论"健康""成就""家庭"和"财富"的排序。但听到排序的要求时，来访者的反应有点大。她认为这四件事同样重要，无法排序。于是，咨询师换了一种方式，邀请来访者逐一舍弃，来访者觉得全都舍不得。在咨询师的坚持下，最终来访者舍弃了成就，其余几个就再也无法舍弃了，同时她也表达了自己对其他三个选项的理解和诠释。

在这个取舍的过程中，咨询师感受到来访者有些激动，她不想面对这个选择，有些烦躁，觉得"为什么一定要舍弃啊？不能全都保留吗？都很重要啊！"也许，如果不是基于在一起学习心理学的关系，不是基于对咨询师的信任和配合，咨询师可能也不会给来访者这么大的推力。

咨询之后来访者反馈说，这个思考取舍的过程，其实对她的触动很大，而且后来也真的按照这样的方向做了一些事情。

咨询进行到40分钟左右的时候，咨询师对前面的会谈做了一个概要性的总结，也邀请来访者看看，在这个过程中有一些什么不一样的视角和新的启发？如果现在就在副驾驶的位置上，她会做些什么？她认为应该做些什么？来访者回应，她希望自己每天都能和儿子单独聊聊，希望自己能更多地关注儿子这个人，而不是和儿子有关的事情。比如可以把问"作业做得怎么样"改成"今天状态怎么样"。对于手机的使用规则这件事情，来访者还没有想好，到底要不要坚定地制定一些规则，执行一些规则，或者干脆把儿子的手机没收。目前她只是希望与儿子建立更多联结，给儿子更多关注。

咨询师邀请来访者继续细化，看看如何发展出可达成的小目标，来访者表示这可能需要再做一次专门的咨询来处理这个议题，咨询到这里就结束了。

事后，来访者就这一次的咨询给了一些反馈和回应。比如，她读了儿子一直要求她读的小说，而且和儿子进行了一些交流，感觉他们俩亲近了很多。以前她认为动画片不值得看，觉得无聊，现在她也会陪儿子看动画片，看了之后觉得好像也有点意思。征得儿子的同意后，她带儿子去做了心理咨询。后来，她和儿子有了更多的交流和陪伴。现在整体而言，儿子积极乐观了很多，也去正常上学了。在来访者反馈的言谈中，能感受到来访者的喜悦和欣慰。

咨询师的困惑

1.咨询师的心态。咨询师和来访者是一同学习咨询的同学，自己知道的咨询方法，来访者都知道，也很熟悉咨询师的路数，这让咨询师在咨询的时候觉得很尴尬。所以，有时候咨询师会觉得咨询节奏被打乱，不知道该怎么帮助来访者。

2. 对来访者有一些先入为主的预判。因为咨询师和来访者是同学，在咨询时，咨询师的脑海中时常会闯入来访者的一些在生活和日常交往中的形象，影响咨询师对来访者的好奇心。咨询师担心自己会被限制在预设里。如果遇到和这个案例相似的情况，咨询师应该如何运用这些预设，如何在叙事里看待个案概念化？

3. 咨询师的无力感。来访者儿子的这种状态，已经持续一两年了。咨询师和来访者之前就认识，断断续续地听说过一些，也知道来访者在这期间付出的各种努力，真心觉得她特别不容易，也很能理解她的无助和无力。来访者学了这么多心理学知识，也一直在应用，怎么好像使不上劲儿呢？这也令咨询师产生了一股无力感。

4. 遇到比较强势的来访者时咨询师很紧张。咨询师想知道是不是自己和权威的关系没有处理好，很想看看自己可以如何在这方面有一些突破和进步。

5. 邀请来访者做选择的时候很用力地"推"了一把。我们一直说咨询要跟随，不是"拉"，也不是"拽"。咨询师自己在做个人体验的时候，如果在咨询过程中被"推"或"拉"，当下确实会产生阻抗，有不舒服的感觉。但是，当自己不回避"推"或"拉"时，事后会发现这样的"推"或"拉"，对自己是非常有帮助的。所以，咨询中到底应不应该出现这样的"推"或"拉"的过程，应该怎么做？咨询师也很想知道这样的"推"是否合适？

关于这一点，如果是在类似这样的咨询练习中，咨询师可以和来访者沟通，听到来访者的反馈。但是，在真实的个案里，可能就没有确认的机会了。咨询师该怎么了解这样做对来访者是否合适，或者会不会给来访者造成一些不好的影响。

6. 如何与非常理智的人共情。

7. 如何为对咨询师期待极高的来访者赋能。有的来访者对咨询师期待极

> 高，咨询中常用到的一些一般化、赞美、肯定，来访者往往会觉得这些都不值得一提，这种时候该怎么办？

熙珏老师的回应

来访者是一个对自己有期待的母亲，虽然她目前遇到了一些挑战，但是她希望自己可以成为一个教练式好妈妈。在咨询过程中，她不断地面对自己，探索自己的状态，而不是要求儿子应该怎么表现。不论作为一个母亲，还是作为一个个体，愿意直视自己，都是一种很勇敢的行为。

也许成为教练式好妈妈需要一些时间，但是在来访者挣扎、探索的过程中，在咨询师不断地打开反思对话空间的过程中，来访者会逐步往她渴望的母亲角色走去。这个愿意做教练式好妈妈的女性的生命历程，是一个非常有价值的历程。愿意为做好妈妈而努力，这特别好！祝福这个妈妈，也祝福她的儿子和女儿，祝福他们一家人！

刚刚听说咨询师和来访者同时参加了这门课程，大家相互支持，彼此学习。无论是作为咨询师的学员，还是作为来访者的学员，都特别努力，也都希望能够创造机会去看看如何对话会更好。我想说，咨询师陪伴这位母亲也是一件很宝贵的事情。从案例报告中，可以看到咨询师在不断地设计开放的对话和问话，邀请来访者在亲子关系的脉络里仔细分析，在母亲的脉络中觉察、理解和反思。

咨询过程不是一个马上可以找到答案的过程，而是陪伴来访者走进自己的森林，看看森林是什么样的，看看森林中发生了什么，看看自己的困难可能是什么，看看该怎么解决的过程。这样真诚的陪伴，是咨询中特别让人感动的地方，感谢咨询师用心陪伴这位来访者。

刚刚咨询师提到一些需要督导的问题，我之后再回应。我先谈谈我对这个案例的理解。

丰富来访者的故事和力量

我对该案例的整体思路是去丰富这位母亲,丰富她作为一个个体的故事和力量。为人母亲不是一件很容易的事情,我想从七个方面去寻找她的闪光点,也对这些闪光点表示好奇。

是什么让来访者坚持学习心理学 4 年

4 年不是一个短暂的时间,其中可能有很多值得丰富的故事和资源,所以可以进行如下一些好奇的问话。

- 愿意坚持学习 4 年心理学,这背后是什么力量让你一直坚持下去?
- 通过心理学的视角,来访者看见自己有哪些特点和宝贵的地方?
- 4 年前那个还没有学心理学的自己,看到未来的自己坚持学了 4 年,而且可能会继续学下去,"4 年前的自己"最被"4 年来坚持学心理学的自己"感动的地方是什么?
- 需要付出怎样的努力才能够持续学习 4 年心理学?4 年里坚持学心理学最不容易的地方是什么?
- 可以如何感谢这 4 年来不断坚持学习心理学的自己?
- 4 年来不断坚持学习心理学的自己,被"4 年前的自己"感谢之后,这"4 年来坚持学心理学的自己"有什么想要回应的?(学习心理学不是理所当然的事,如果可以看到这一点,我认为会很好。)
- 4 年坚持学习心理学对未来的自己,例如 60 岁的自己,会带来怎样的贡献?60 岁的自己,会如何感谢年轻的自己?
- 当初是什么让来访者愿意学习心理学?
- 尽管来访者学习了心理学,但是对青春期孩子的表现还是没有办法接受,同时我们也看到来访者希望通过学习心理学预防孩子的青春期问题,来访者为什么想为抚养青春期的儿子做准备?

- 不是所有的父母都会想到要提前做准备,所以提前准备不是理所当然的事情,来访者在心理学的学习中最想准备的是什么?
- 也许准备中会遇到一些困难,做准备和没有做准备,会给青春期的儿子带来什么不同的影响?

从问儿子"作业做得怎么样?"到"今天状态怎么样?"

大部分父母可能都会问孩子"作业做完了吗?",希望孩子完成学业,这是很自然的问话。但来访者希望能更加关注孩子这个人,希望不要先问孩子"作业做得怎么样?",而是带着关注儿子这个人的心意问儿子"今天状态怎么样?"。

我不确定这是咨询师的想法,还是来访者自己做出了这样的改变。如果这是来访者主动做出的改变,那是特别宝贵的。所以我好奇这种改变是怎么促成的?是什么支持了来访者想表达对儿子的关注?

- 这样关注的问话会让儿子感受到什么?
- 这样关注的问话对于来访者所重视的"母子联结"会有怎样的帮助?
- 这样的改变对来访者的重要性是什么?
- 这样带有觉察的改变对儿子的重要性是什么?
- 来访者希望这个改变后的问话在母子关系中扮演什么样的角色?这个带有觉察的改变,最需要被感谢的是什么?
- 这样的改变与"能够看到儿子"的关系是什么?(*来访者提到希望自己能够看到儿子。*)
- "看到儿子",是指什么?当母亲看到儿子的时候,会给儿子带来什么?"看到儿子"会给母子关系带来什么?

亲子关系的改变发生在生活里的一个个小变化中,每一个小变化可能都有特殊的意义。它可能来自母亲的努力,可能来自母亲愿意尝试不同的方式,可能来自母亲想更多地关心孩子，等等。所以在亲子关系中，一些美好的时刻非常值得去理解，去看看，哪怕这样的时刻并不是经常发生。

儿子坚持让妈妈看动画片

有时父母真的很忙，尽管儿子坚持要妈妈抽时间看动画片，但不是所有父母都会看孩子的动画片，来访者能够看到儿子的坚持，看到儿子喜欢的事情，并不是理所当然的事情。被儿子邀请进入他的世界，儿子的这份坚持、这个邀约特别感人。这个小细节背后可能有很多宝贵的东西。我可能会对如下方面感到好奇。

- 动画片可能会带给妈妈和儿子怎样的联结？
- 这会给关系带来什么样的可能性？

不只是看动画片，也许生活中还有机会可以让来访者品味她和儿子之间的一些小互动，这特别宝贵。这对来访者来说，也是很重要的。

- 是什么让孩子坚持让妈妈看动画片？妈妈看动画片对孩子的重要性是什么？
- 是什么让儿子愿意坚持邀请妈妈进入他的世界？（这看似是小事，但我感觉其中有深深的情谊。）
- 看动画片这件事令妈妈开心的是什么？令儿子开心的又是什么？
- 看动画片所带来的母子在一起的快乐，给母子间的联结带来了什么？
- 动画片在儿子的生活中扮演着一个怎样的角色？
- 孩子是什么时候开始喜欢看动画片的？目前有哪些动画片是孩子喜欢看的？
- 每部动画片有哪些故事？这些故事带给孩子什么样的理解、触动、学习和成长？看动画片时，孩子的疑问是什么？（通过孩子喜爱的事陪伴孩子思考或成长。）

- 如果动画片是儿子的好朋友，儿子会希望妈妈和自己的好朋友有怎样的关系？怎样的关系会让儿子觉得妈妈是关注他的？（孩子喜欢的东西就像孩子的好朋友一样，所以我用了"好朋友"这个比喻。）

和孩子的特殊时光

尽管来访者觉得自己在孩子的教育和成长中做得不多，但是能够把"特殊时光"写在涂鸦墙上，就表明她是一个用心的母亲。涂鸦墙的设计本身就很有意义，又把"特殊时光"写了下来，就更有价值了。

在咨询中，我们看到这是一位很愿意反思的母亲，会看到自己没做到的地方。而我们需要寻找资源，陪伴她先看到自己已经做到的。比如，涂鸦墙的设计，以及对"特殊时光"的在乎和重视。这种陪伴的过程，也是引发来访者反思的过程。我会对"写"表示好奇。若"写"尚未发生，仍能带着假设对未来表示好奇。

- 家里的涂鸦墙上可能"写"的"特殊时光"是什么？
- "写"在涂鸦墙上的"特殊时光"，可能指的是什么？有没有照片可以分享？可以讲讲照片里的故事。
- 来访者为什么想"写"下"特殊时光"？"写"想告诉儿子的是什么？
- 来访者什么时候会去"写"？过去"写"过哪些"特殊时光"？
- 曾做过哪些被"写"下来的"特殊时光"？分别是什么？是怎么发生的？
- 共度"特殊时光"时，妈妈和儿子共同体验到的是什么？可能会为儿子带来什么？可能会为妈妈带来什么？

用平等的身份和儿子交流

- "平等的身份"指的是什么？可不可以多说一点？
- 身份平等的母子关系是一种怎样的关系？
- 和儿子用平等的身份聊聊天，会带给儿子什么？

- 来访者提到不带评判,所以咨询师也会探寻:不带评判地和儿子聊天,儿子感受到的是什么?作为母亲,来访者在母子关系上会感受到什么?
- 当来访者带着平等的身份,不带评判地和儿子聊天的时候,儿子会体会到什么?什么是过去没有体会到的?这样的体会可能会带给儿子怎样的信心和力量?

咨询师可以邀请来访者进入与自己或与儿子的关系,使用在关系中体会和体验到的,丰富来访者重视的东西,并让它在关系中流淌。

通过看书给孩子传递价值观和道理
- 通过看书和主动讲给儿子听,可以提供给儿子怎样的"巨人的肩膀"?(因为来访者提到想成为儿子的"巨人的肩膀"。)
- 来访者能够主动去看书,主动向儿子传达好的价值观和道理,从中我们能看到来访者很想通过自己的努力,分享给孩子重要的价值观和道理。在这一方面,妈妈很难得的地方是什么?
- 从过去排斥讲价值观,到现在愿意通过看书主动传递价值观给儿子,我觉得这个变化很难得。是什么让妈妈有这样的变化?可以看看,愿意给儿子分享自己从书中学到的重要价值观的妈妈是一个怎样的妈妈?

价值感

在这个案例中,我觉得"价值感"是特别宝贵的东西,如果有机会可以探寻、靠近来访者重视的东西,也陪伴她靠近自己、理解自己。可以通过如下三个方面探寻来访者的"价值感"。

来访者渴望的价值感是什么

来访者提到小时候在家里很多事都没有参与,也不了解家里的困难,所以渴望去外面找价值感。可以在此多停留一下，丰富这份"渴望的价值感"。

- 来访者如何去外面找价值感？
- 来访者做过怎样的努力去外面找价值感？
- 在外面寻找价值感的过程中，来访者找到了哪些价值感？
- 这些找到的价值感，对来访者看待自己的价值会带来怎样新的理解和帮助？
- 愿意努力用心去找价值感来协助自己，这份努力最难得的地方是什么？
- 愿意努力去外面找价值感，和来访者在生命中重视的核心价值，有着怎样的联系？

从价值感的层面看待来访者成长的经历

来访者认为，可能因为自己是家里最小的孩子，家人从不和她商量家里的事情，这是让她看不到自己价值的原因。关于原生家庭对她看待自己的影响，可以多去解构、探寻，让她有机会看看如下方面。

- 是什么让她看不到自己的价值？
- 在成长的过程中看不到自己的价值，对来访者最大的影响是什么？
- 现在的她认为，当时看不到自己价值的那个她，最不容易的地方是什么？
- 昔日的她如果可以对现在的自己表达，昔日的她会怎么表达？尽管因为是最小的孩子而没有机会参与家里的事情，昔日的她想被看到的价值是什么？
- 昔日的她会希望现在的自己如何不断地看到那些曾经"没被看见的价值"？
- 当昔日的她看到现在的自己的自我价值时，可能会给昔日的她带来什么？可能会给现在的她带来什么？
- 家庭从不把困难告诉来访者，这对来访者的影响是什么？
- 如果家庭的困难被来访者知道，来访者在家里会有怎样的不同？这会给来访者的自我价值带来什么影响？

在工作中，如果别人主动做了来访者要做的事情，来访者会非常不开心，而且对这个人非常排斥。是不是别人主动替来访者做事，等同于不让来访者做那份原本属于她的工作？虽然那个人只是单纯地做了那件事，但是在这种情况下，是否会让来访者想起家人不让来访者知道家里的困难，不让她承担，不让她主动决定？同事自己做了决定，是否让来访者想起家人自己做了决定而不告诉来访者？

作为咨询师，可能会做出这种猜测，试着将其分享给来访者，看她对于咨询师的这种猜测有何感想？既然是猜测，来访者当然可以不同意。在分享的过程中不要去分析，只是分享自己的体会。因为咨询师并不确定这样的猜测是不是正确的，只是希望邀请来访者打开另一个对话空间。

人们有时对一些事情会有很强烈的反应，这可能和过去或童年的经验有关。所以，这种问话的目的是看看现在这种体验是否和原生家庭中的体验有关？这是一种带着好奇的探索。

- 如果有机会和家人聊聊，请来访者探寻一下，是什么让家人不告诉来访者家里的困难？
- 因为来访者是最小的孩子，家人想保护她？还是出于对她的关爱？

很多人对最小的孩子会有一种特别的想法或关注。长大之后，找机会和家人谈论童年发生的一些事情，并不是要求家人改变。因为有时这是一种文化，一种家庭在乎的东西。在某些家庭文化或传承中，很多人都会保护最小的孩子，很多家庭也都会保护最小的孩子。

来访者也可以分享一下小时候的经历对自己的影响，可以和家人说说，现在45岁的自己希望知道家里的困难。也许父母、哥哥、姐姐了解了来访者的想法之后，也会在家庭里做一些善意的调整。打开家庭的对话空间，就是开启家人的情感流动。

当然，以上和家人的对话，一定要建立在坦诚的基础上，而不是责怪。如果有机会，和家人好好聊一聊，也许会引发新的理解、新的可能性。

作为妈妈的价值

- 从怀儿子、儿子出生、抚养儿子长大，到后来怀女儿、女儿出生、抚养女儿长大，大概有 17 年的时间。这 17 年来，来访者认为作为妈妈最不容易的地方是什么？
- 这么多年来，这个妈妈是怎么陪伴自己做妈妈的？
- 作为妈妈，最需要被看见、被理解的是什么？
- "年轻还没有生孩子的自己"看到"生了孩子、抚养孩子的自己"，在不断地学习和反思如何做一个好妈妈。那个"年轻还没有生孩子的自己"最被现在"生了孩子、抚养孩子的自己"触动的地方是什么？
- 当未来孩子长大成人，来访者步入老年后，老年的自己会如何感谢一路走来作为妈妈的自己？
- 长大成人的孩子，会如何感谢一直在努力探索如何成为好妈妈的来访者？
- 成为好妈妈对来访者的重要性是什么？

丰富儿子的故事和力量

前面主要讨论了如何丰富妈妈作为个体的故事和力量，接下来可以丰富儿子作为青少年的故事和力量。儿子前段时间状态不好，但是近来变好了，可以带着妈妈的关注和妈妈想和儿子联结的心意，去看看儿子这个人，对这个 16 岁的孩子表示好奇。

孩子对疫情中的生活有什么感想

案例报告中提到，孩子前段时间没交作业、学习不好或睡得多。这可能和疫情有关系，所以我们可以看看，这个 16 岁的孩子在疫情中的经历。

疫情对孩子的成长来说，可能是一种生命教育。

- 孩子对疫情中的生活的感想是什么？
- 16 岁的他面对疫情，觉得自己最不容易的地方是什么？
- 16 岁的他面对疫情，没有被大家看见且比较难得的部分是什么？
- 因为疫情，16 岁的他从原本可以上学，到必须在家上网学习，这种巨大的变化让他觉得比较困难的地方是什么？
- 他的其他同学可能也会遇到相似或不同的网上学习的挑战，大家是如何关心、支持彼此的？

在疫情期间，孩子要面对很多东西，这对很多孩子来说都是一个巨大的挑战。有时候年轻人遇到挑战是一件好事。同学们一起聊聊这种挑战，不仅可以打破隔离感、孤单感，也会让大家产生在同一条船上的感觉，这能够让同学们对这些感受去病理化，而不至于认为自己很糟糕。我们要陪孩子通过挑战去理解自己是谁，理解自己的需要、愿望，也理解自己的限制。

- 在疫情期间，你对自己的理解是什么？看到了自己的什么需要？看到了自己的什么愿望？看到了自己的哪些限制？（限制往往是我们可以获得成长的地方，限制也是很有意义的，要让孩子看到限制的价值。）
- 经历了疫情之后，现在的你对上学有没有什么新的感想？哪些感想是过去没有的？
- 经历了疫情之后，希望未来的自己可以如何上学？如何协助自己向前迈进？
- 疫情期间，是什么让孩子要求妈妈读他推荐给妈妈的小说？（这一点特别难得，孩子似乎在邀请妈妈通过小说建立联结。）
- 疫情期间，当妈妈可以陪孩子看动画片时，这种陪伴带给孩子的是什么？

- 是什么让孩子愿意和妈妈一起去做亲子咨询？这样的亲子咨询可以为孩子带来什么？可以为母子关系带来什么？

从"关注问题"到"关注孩子"

来访者提到当有严重问题的时候，才会关注孩子。可以邀请妈妈看看如下方面。

- 当孩子有严重问题的时候，妈妈会关注孩子的哪些细节？（通过这样的关注，邀请妈妈看看自己可能会打开哪些新的空间。）
- 依据妈妈的经验，孩子的严重问题是什么？
- 当孩子有严重问题的时候，妈妈会怎么关注孩子？

在来访者的分享里，她觉得引领孩子是重要的。可以了解妈妈的每一种关心与她所重视的引领有什么关系，看看可以怎么理解不同的关心背后妈妈的心意和意图，这些可能都与"副驾驶""好教练"的隐喻有密切的联系。

把妈妈的每一种关注都列出来，列在图 7.1 中"关注孩子"的圆圈下面。在每一种关注背后，妈妈想要引领的是什么？将其添加在每一种关注旁边，这种关注就会越来越丰富。可以请妈妈看看这张充满关注细节的图片，体会这些关注及其背后的引领，妈妈的感受是什么？妈妈带着心意的关注，又会带给儿子什么？

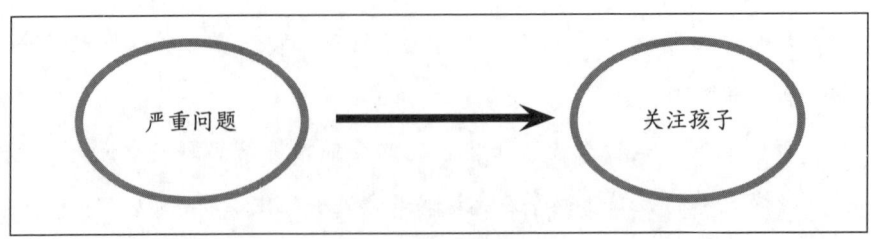

图 7.1 从"关注问题"到"关注孩子"

"学"和"做"的对话

来访者多次提到觉得自己学了很多,可就是做不到。可以请来访者用外化拟人化的对话方式,打开"学"与"做"的对话空间,邀请来访者用象征物,如枕头、花、蜡烛等,来代表"学"和"做",请她替"学"和"做"说话(见图7.2)。

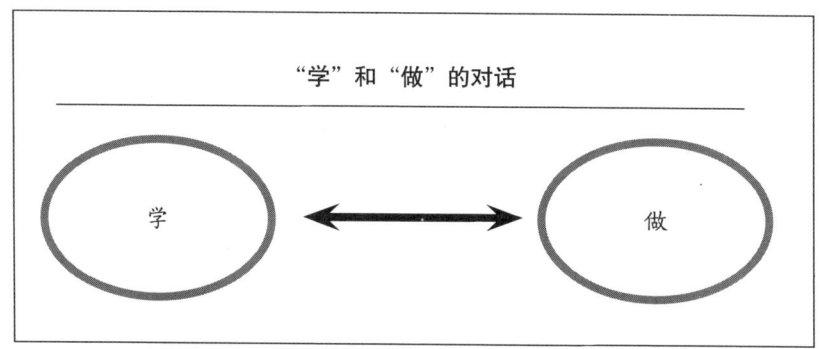

图7.2 "学"和"做"的对话

- 让"学"介绍自己,"学"的承诺是什么?它需要怎样的努力?什么让"学"的生命力得以呈现?关于"学"的承诺和行动,最珍贵的地方是什么?
- 让来访者介绍"做","做"重视的价值是什么?"做"想带给儿子的是什么?
- "做"很重视自己,也许真正去做并不容易。"做"平时是如何鼓励、帮助自己去尝试的?
- "做"认为什么时候可以在被自己鼓励的帮助之下,慢慢去做?
- "做"认为在什么情况下,鼓励帮助自己尝试去做会遇到困难?此时"做"觉得需要什么,才可以协助"做"继续慢慢去做?
- "学"听到"做"的故事,听到"做"有时可能会遇到的挑战,"学"

是否想对"做"说点什么来支持"做"？

当然，"做"也可以陪伴"学"。"学"和"做"都是来访者生命里重要的东西，也许"做"遇到了一些困难，但是"学"和"做"互相聆听、互相表达，也许会引发一些东西。

还可以看看"做"有没有什么问题想问"学"？"学"有没有什么问题想请教"做"？让"学"支持"做"的行动，也让"做"丰富"学"的思维。彼此看到对方的价值。

- "学"和"做"，未来可以如何在一起彼此陪伴、关心、支持？"学"和"做"对彼此最大的贡献可能是什么？
- "学"和"做"都是主人身上宝贵的资源，"学"和"做"会希望未来主人如何和它们在一起，如何带来更多教育孩子的可能性？

女性对于兼顾事业和家庭的挑战历程

许多女性在兼顾事业和家庭的过程中非常不容易。现代女性希望把孩子照顾好，同时经营好自己的事业，增加家庭的经济收入。她们努力学习，在不同领域中成长（包括个人成长），唯恐在这个时代中落后（见图7.3）。

虽然这一现象很普遍，但是在不同的女性身上，却可能有不同、多元的呈现。因为每一位女性的生命历程都不一样。作为咨询师的我们，可以试着陪伴每一位女性独特的历程，只要她没有伤害自己，没有伤害他人。

在这个过程中，对咨询师有比较挑战的地方是，来访者的状况会触碰到我们的底线。比如，因为在儿童和青少年心理学中强调陪伴孩子的价值，以及陪伴孩子成长的重要性，我们可能认为母亲应该多陪伴孩子，而且我们自己也在很努力地陪伴自己的孩子。如果来访者生活的重点是事业，可能会违反咨询师内心重视的育儿价值。咨询师此时可能会觉得来访者的方式不恰当，希望来访者可以调整、改变。

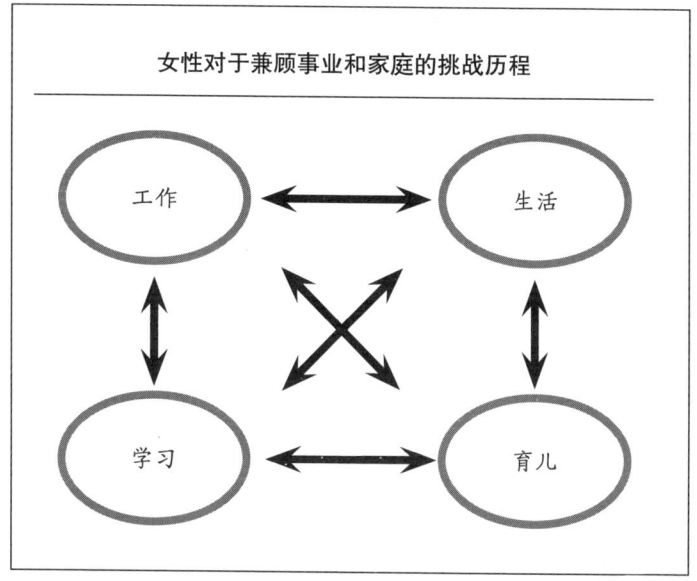

图 7.3　女性对于兼顾事业和家庭的挑战历程

在后现代家庭治疗中，需要把咨询师的"真理"放在旁边，贴近来访者的在地性脉络。

- 女性重视事业的想法是怎么形成的？
- 事业中的付出和力量会给女性带来什么意义和价值？

当女性有机会看到自己在事业上的价值和力量的时候，这种力量往往可以让女性在自信的空间中反思家庭和孩子，发展出在女性独特的脉络下照顾家庭的思路和行动。我们可以陪伴每位女性在复杂的脉络中弹性地发展事业和家庭，使其二者兼顾。

很多年前，在我督导的案例中，有一位来访者是女性社工。她被选为劳工部主管的秘书代言人，当时的她特别矛盾，因为她有两个正在读小学低年级的孩子。过去，她投注在孩子身上的精力特别多，但现在新的工作会占用她的家庭时间。她和先生、孩子讨论过是否接手新工作的问题。她的先生支持她，孩子们也说："妈妈，你去做，我们会练习照顾自己，我们也会支持你。"妈妈的新工作成了全家人共同的决定,这个妈妈特别感动,最后接下了这份新工作。

所以,我们如何支持女性?我想,在她的脉络中看见她的挣扎,陪伴她去探索,而不立即给答案,这就是我们可以努力的地方。

关于个案概念化

在后现代家庭治疗中,我们总希望看到来访者的闪光点,看到来访者的希望,通过好奇的问话陪伴来访者,引发他们自己的希望和力量。就这个案例而言,可能还需要再看看,怎样去陪伴她想得到陪伴的方面。

我想对这个案例的咨询师说,咨询师特别不容易。按照一般咨询伦理,咨询师和来访者应该是不认识的人①。因为不认识,就能更多地对对方表示好奇。尽管只是同学之间的练习,这个案例的咨询师在陪伴这位来访者的时候,还是很细心地觉察和反思,担心自己与来访者认识会影响自己对来访者的好奇心。

很多人认为,在咨询中,如果我们对来访者太熟悉,我们就不会对其好奇。对这个咨询师来说,在做练习访谈的时候,可以问自己:在这个练习中,我要如何对我熟悉的来访者开展好奇的问话?

因为该咨询是一次咨询练习,因此可以请教来访者:咨询师好像知道你的很多故事,让咨询师觉得很难对你产生好奇心,你觉得咨询师要怎么做可以对你更具有好奇心?通过练习去请教来访者,在熟悉的情况下,怎么谈话才可以让好奇流动起来,这是可以讨论的。

在实际的咨询中,因为我们不认识来访者,所以比较容易在好奇中设计问话。比如,可以定期抽出一点时间,用 5 分钟去问来访者:"我们的谈话有

---

① 本案例中提到的咨询师与来访者的双重关系是许多人关注的议题。我在《熙珺叙语:一个心理咨询师的成长历程》(第二版)一书中的第三章"咨询师与自己、朋友及家人的关系"中对该议题做了较多陈述,感兴趣的读者可参考。

哪些地方让你觉得比较有帮助？哪些地方你觉得需要调整？"在家庭治疗中，请教、征求家庭成员对关系对话的反馈，是非常重要的。

后现代家庭治疗理念强调跟着来访者走，也许咨询师听了我对这个案例的分享之后，可能对于自己刚刚提的那个"用力推"会有一些新的思考和想法。在我的分享中，对于咨询师提出的其他督导问题，也已经给了一些回应。

结语

这是一位不断坚持在寻找自我价值的道路上努力的女性，她有一股很强大的生命力。在自我价值的探索中，来访者努力学习，发挥自己的能力和价值；在自我价值的探索中，来访者用心寻找和实践做母亲的价值，完善她想要成为的好妈妈，完善她和孩子的关系。来访者身上充满了许多能量，这特别难得。与此同时，让丈夫的力量进入家庭，对于这个家庭也是很宝贵的。

祝福来访者，祝福她的儿子，祝福她的女儿，祝福她的老公，祝福他们全家人！

我画了两张图供大家参考（见图7.4和图7.5）。可以用图7.5陪来访者看看自己的思路，再展开更多的对话。

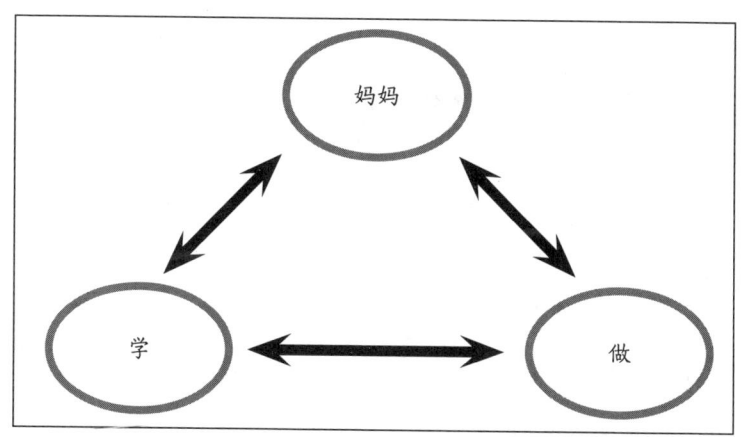

图7.4 妈妈的"学"和"做"

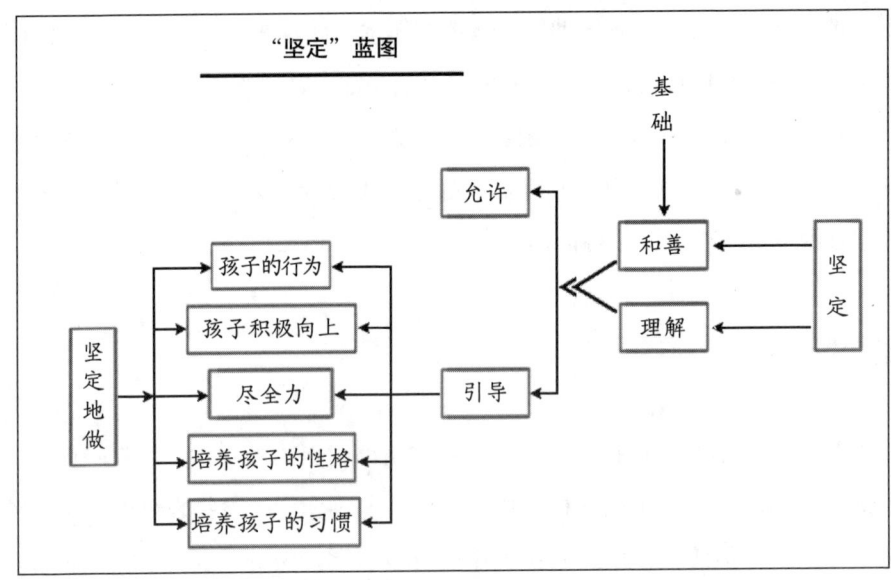

图 7.5 来访者的"坚定"蓝图

咨询师的回应

非常感谢熙珺老师的回应，咨询师很感动的是，老师不仅关照了来访者，也关照了孩子。另外，对咨询师在提交的案例报告中没有写上，后来在汇报时补充的信息，老师都一一给了回应。咨询师可能需要很长的时间来消化，但在这个过程中，让咨询师感触特别深的有以下几点。

咨询师存在很多理所当然的想法

老师没有把来访者的很多行为视作理所当然的，而是看到了来访者背后的努力。这份滋养和力量，让咨询师非常受用。比如如下方面。

- 学心理学不是理所当然的。
- 为还未到青春期的孩子做准备，不是理所当然的。
- 想要努力关注儿子的状态，而不是儿子的课业，不是理所当然的。
- 和儿子一起看动画片，不是理所当然的。
- 疫情带给孩子的挑战，不是孩子理所当然要去面对的。

这些并非理所当然的东西，看似是细碎的，但让咨询师觉得特别感动。从这些细节里透露出了来访者的不容易，还有来访者所付出的努力和坚持。

老师看到了"作为妈妈的价值"

老师的"看到"让咨询师非常感动。咨询师当时意识到，价值感是来访者特别想要去探索的，对来访者也非常重要，是来访者希望能够去靠近和重视的东西。关于如何打开这个部分的对话空间，包括如何打开原生家庭的对话空间，咨询师获得了很多思路。

教咨询师面对冲突

有关"学"和"做"的相互陪伴和对话，咨询师认为这不仅可以应用在个案中，也可以应用在我们的日常生活中，包括我们自己的个人生活、学习、工作。每当面临这样的冲突时，我们也可以和自己进行对话，自己给自己一份陪伴。

如何在练习中对熟悉的来访者展开好奇的对话

谢谢熙珺老师的指导，咨询师会在后期的实践中去探索。

价值观对咨询师的挑战

熙珺老师提到，咨询师可能持有一种理念或价值观，认为母亲应该多陪伴孩子。因为咨询师自己在陪伴孩子方面似乎做得也不多，所以没有意识到自己持有这样的理念。但是在老师提到咨询师的价值观后，咨询师确实发现，自己的一些核心信念在影响着自己，所以咨询师在咨询过程中会用力过猛，会"推"来访者。

这也让咨询师看到，如果能够很好地跟随来访者，还是不要"推"。"推"会让人产生太粗暴的感觉，也容易让来访者受伤。用力过猛，并不是最佳选择。

听老师的督导，就像看老师现场演示了一个个案的咨询。特别是如何为一个自我期待特别高的来访者赋能；如何从点点滴滴的细节里，看到来访者作为一名女性的自我价值；如何丰富来访者作为好妈妈的意愿；如何看到和陪伴来访者的人生、家庭，包括她的学习成长，以及她对于工作的愿望、需求、努力、探索。

来访者的回应

非常感谢熙珥老师和咨询师，来访者非常庆幸自己能因这次督导而受益。从熙珥老师讲的七个闪光点里，来访者深深地感受到了被看见。熙珥老师在没有参与咨询的情况下，通过咨询师简短报告的一个案例，能够这么深刻地看到来访者，这令来访者非常感动。

关于第一个闪光点

听到熙珥老师的回应，来访者感到被深刻地看见，被好好地陪伴。这些问题是来访者曾经想过，却没有进行过对话的。熙珥老师提供的这些问话，让来访者有机会在下次咨询时进行对话，或进行自我对话。自己作为一名正在心理学学习之路上的咨询师，在以后的练习中，也可以使用这些对话。

关于第二个闪光点

来访者从之前问儿子"作业做得怎么样？"，转变为问"今天状态怎么样？"，从关注事情，到关注到儿子这个人，这是来访者看到自己最大的改变。被熙珥老师看到、鼓励和支持，会成为来访者做出更大改变的动力。

关于看儿子推荐的书和动画片

把动画片当作儿子的好朋友，探寻儿子是什么时候开始看动画片的；他对动画片的理解、疑问，以及动画片带给他的成长分别是什么。这些都是来访者以后可以和孩子交流的，也是来访者之前没有想到和看见的，来访者又多了一些和儿子聊天的话题。

关于特殊时光

尽管来访者对于自己"没有做到"而感到自责，但熙珥老师仍然看到了来访者的努力。其实来访者在涂鸦墙上没有具体写"特殊时光"要做什么，只是写了"特殊时光"四个字。来访者用这四个字提醒自己，要和儿子沟通，来访者确实曾经觉得自己做得不够，经过熙玥老师的督导，发现自己也在努力。仅仅写下这四个字也是非常不容易的，这让来访者对自己的评判变少了。什么时候建立"特殊时光"？"特殊时光"要做什么？这可能是来访者未来要去重新思考和实践的。

关于用平等的身份和儿子交流互动

之前来访者一直认为，和孩子要用平等的身份交流，但是来访者不认为这是一个闪光点。当熙玥老师提出来的时候，来访者发现自己能够坚持这种亲子互动理念也很不容易，因为妈妈和儿子的关系是很难做到平等的。来访者现在确实感受到儿子长大了，目前儿子已经做了 6 次咨询，每次咨询时，儿子都要让来访者在旁边陪伴他，来访者感觉和儿子的关系越来越平等了。

关于老师对来访者价值感的猜测

老师推测，在工作中别人替来访者做事，类似于过去来访者的家人不对来访者诉说家里的困难，来访者认为老师的猜测是对的，来访者自己也看见了这一部分，但暂时无法转变心态。如果别人替来访者干了一些事，来访者还是会觉得很不舒服，对那个人还是会有意见。

关于熙玥老师提供的图

老师提供的图片，包括老师说的"学"和"做"，都给来访者带来了很多启发。来访者还没有时间沉下心来很认真地去思考，之后来访者会再找机会去探索。

让丈夫的力量进入家庭

通过这几年对心理学的学习，来访者也看到了这一部分。夫妻关系、自己的成长、来访者对丈夫的影响，都在往好的方向走。现在丈夫已经越来越多地参与到孩子的教育中了。他只要有时间，一定会去接送儿子。丈夫在青春期的时候被自己的父亲打过，他现在能够这样对待儿子已经非常不容易了。相信接下来，他们也可以互相携手，更好地对待儿子。丈夫现在越来越相信儿子了，来访者觉得这也是越来越平等的关系的表现。

儿子做咨询给来访者带来的帮助

儿子的咨询师是一名后现代咨询师，她帮助儿子看到了自己的成长。因为咨询时来访者在儿子旁边，这也让来访者看到了自己这几年的努力对儿子的影响，所以这6次咨询的效果非常好。现在，儿子像完全换了一个人似的，来访者对他的担心也消失了。儿子希望妈妈在两个方面陪伴他：一是给他做好吃的；二是陪他看动画片。来访者认为自己和儿子聊天时已经达到了一种真正平等的状态，包括就学习的话题的交流，基本都是儿子主动找妈妈聊。

对咨询师的回应

咨询师认为来访者知道她的咨询路数，这让咨询师感到紧张。实际上来访者并不知道咨询师的路数。

咨询师提到的"推"的部分

在建立好关系的情况下，来访者觉得这种"推"是可以的。关于"事业、家庭、孩子"这道选择题，虽然来访者现在仍然无法舍弃任何一项，但这个过程让来访者看到了其中的一些关系，也让来访者得以重新思考。原来来访者总认为咨询师应该怎么做，现在来访者看到了自己想怎么做，这让来访者真正地放松下来了。

理 论 梳 理

第一，现代女性的旅程。 有一个概念叫作"性别角色的敏感度"。因为现代女性要在不同角色中"流动"是很不容易的。女性要工作、学习、生活、育儿，等等，怎样看到这些方面？这可能是咨询中首先要考虑的。

第二，原生家庭的影响。 来访者在小的时候，因为是最小的孩子而没有参与家庭中的事情，这是一个很重要的思路。

第三，在反思中创造母亲角色的建构和希望。 来访者在思考可以怎样承担她想成为的母亲的角色，在反思中创造，这特别宝贵。

第四，理念学习整合的实践——理念生活化。在该案例中，来访者在咨询师的陪伴下实践了很多丰富的想法，这就是理论的实践或理念生活化的过程。

练　　习

现代女性要兼顾家庭生活和职业生涯，这是很不容易的。

现代女性的生涯和发展

如果你是女性，可以请你的伴侣或成年孩子来访问你；如果你是男性，你可以访问你的伴侣、成年女儿、母亲或女性朋友。

1. 作为女性，工作、学习、生活、育儿各个方面在你的生活中各自扮演了什么角色？
2. 作为女性，面对工作、学习、生活、育儿，最不容易的地方是什么？
3. 作为女性，你是如何在工作、学习、生活、育儿方面付出努力的？
4. 你希望你的伴侣、家人如何支持、理解、关注你在现代女性角色上的不容易？
5. 如果你有女儿，你会如何向她传递你在女性的多重角色方面的智慧，陪伴她长大？
6. 未来老年的你，会如何感谢现在的你在女性角色上所做的一切努力和贡献？

结语

该练习包含六个问题，主要关注女性在面对工作、学习、生活、育儿这些角色时，她们的关系、感想、不容易之处和努力；看看女性希望家人如何支持、理解她们；看看她们会如何将经验分享给女儿；如何感谢自己。

　　这个练习可以打开女性的对话空间，从女性的角度去理解，也邀请男性和女性一起去理解。我认为关于性别角色的对话可以包含丰富的思想，和伴侣或孩子都可以谈谈。因为这个案例的来访者是女性，所以我根据案例设计了这个女性角色的练习，如果未来有男性来访者的案例，也可以再设计男性角色的练习。

案例七督导思维导图

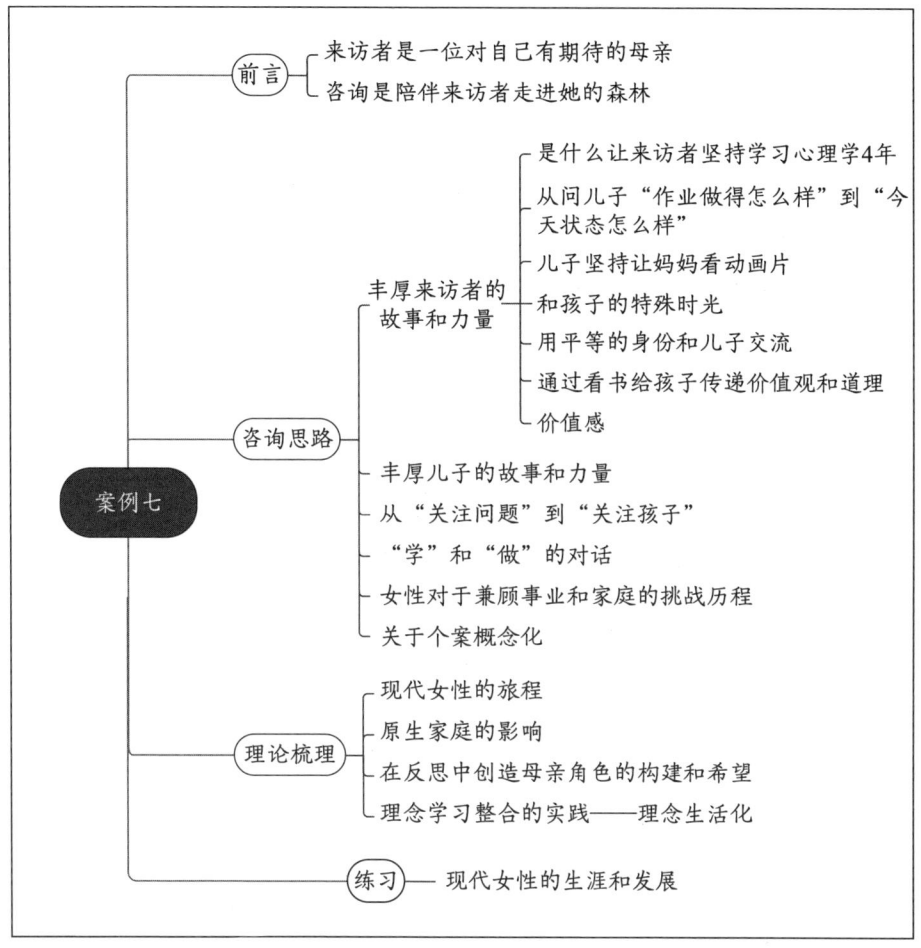

思维导图绘制：于晓阳

第三部分

其他人际关系案例督导

引　言

在这个部分中,我表达了对职业咨询及组织企业的对话工作的看法,这也是我一直以来特别珍惜和重视的主题。

年轻人在探索自己的职业生涯时,往往也在创造生命的机会。在这个过程中人们会遇到找工作的困难,需要不断积累更多的能力和技术。如何看见自信的自己;如何和不同层级的同事与领导建立适宜的人际关系,共同发挥团队的工作成效;如何寻找可以帮助自己的资源,在这个过程中确实有很多方面需要得到关照。

我在做生涯咨询时,总是希望可以贴近来访者的脉络和特色,陪伴来访者在生涯探索中探寻自己的梦想,理解自己的特长与面临的挑战,邀请来访者思考在现今的社会脉络中如何前进和努力,也试着在具体的生涯追求里,看见他的"全人生涯"。例如,如何与自己的冲动相处,如何面对家庭压力,进而转化为助力。面对职业生涯的发展挑战也是学习如何与自己相处的机会,以及通过生涯规划开始对家庭逐步做出计划的机会。

在我的实践经验中,当来访者探索生涯时,能持续看到自己的价值和闪光点是一件极其重要的事情。可以通过社会的标杆和量尺来鼓励来访者,但不应以这些标杆和量尺作为病理化来访者的工具。在生涯探索的过程中,我们会不断地发现自己的更多特长及短处,但我们可以用特长协助短处成长。

职业咨询一般有具体的目标,能给来访者带来直接的帮助。当来访者的工作有所进展时,若来访者有兴趣也可陪伴他看看他的不同生涯。例如亲密关系生涯、家人关系生涯、健康生涯,等等。若生涯咨询师觉得自己不擅长这些工作,而来访者更想探索不同主题的生涯,生涯咨询师也可以将来访者转介给一般的咨询师。

"全人生涯"的主要思路是，生活中的许多方面都可以做准备，都可以进行讨论和规划。我们不仅可以探索工作、创业生涯，而且可以逐步探索生活中许多同等重要的主题生涯，这种贯穿生命旅程的全人生涯陪伴，可以给职业生涯带来全方位的对话和灌溉，给来访者的生活愿景带来许多意想不到的觉察，进而帮助来访者逐步达成生活愿望。

关于将后现代的对话理念融入组织和企业中的团体陪伴，我特别重视团队与领导期待及组织重视的文化和价值联结，一环扣一环，没有哪个系统被遗漏，尽量做到每个层面都能被理解、尊重。

疫情对各类组织和企业都带来了巨大的挑战。我们如何在复工后同时看见团队、领导及组织的困难，且发现其付出的努力和面临的挑战？希望通过后现代对话和后现代组织心理学的视角，在艰难中看见平日不易看见的希望和可能性。

后现代在对话上总希望能尽量涵容多元的元素和声音，我在准备此教学示范督导时感到，"人味"和效率可以在后现代组织心理学与对话中逐步实现，虽然有其现实的挑战，但坚持在"人味"中实现效率，是值得大家努力的方向。

后现代理念特别强调组织和企业中各种关系的流动，大家在关系中创建团队、支持团队，才能发挥团队的最大潜力。这里的团队不仅指实体的团队成员与领导，还包括组织中有形和无形的重要价值与文化，这些都属于团队建构的一环。在不同的对话中，我希望大家能体验到关系的流动以及对团队关系的促进。

把职业咨询以及组织和企业的团队工作的案例放在这个部分，主要是希望能把我们在此次网络督导课程中征集到的各种各样的案例和大家分享，进而让咨询师看到可能会遇到的不同情况。在千变万化的咨询情景中，希望后现代的理念和创造性对话可以支持咨询师在职业咨询以及组织和企业的团队工作中有更多的创造和成就。

案例八　寻找力量"重返"工作岗位

我们在分析案例的时候，需要带着不一样的视角体验来访者的生命故事。用不同的视角诠释同样的生命故事，会带出不一样的叙事。我们可以带着叙事的视角、后现代的视角陪伴彼此，这是特别重要的。我常常觉得年轻人的职业生涯旅程也是一个理解自己、面对挫折、发现自己、发挥自己的生命历程，是一个与现实生活磨合的过程。年轻人在遇到挫折的时候，难免会怀疑自己，会担心未来，自信心不足。能够帮助来访者发现其生命的闪光点，是件极有价值的事情。

该案例中的来访者在工作中，很早就看清了自己未来的职业发展方向，这是来访者已经拥有的重要资源。在当前阶段，来访者因为家庭压力，无法在短期内创业，因此希望可以先工作，再梳理出未来的方向。在这个过程中可以看到来访者身上的很多亮点。为了家庭暂时停下创业的脚步，这表明来访者是有力量的。通过这些可以看到家庭对他的重要性，看到他是如何愿意为家人付出的。来访者几年前读过的文章曾经带给他很大的触动，为他后来的创业想法种下了一颗种子。他想在接下来的生活中边工作边学习，这也表明他在为未来做计划。结合来访者希望暂时有个稳定工作的想法，此处我们可以多做一些了解，陪来访者丰富这方面的想法，特别是其中多脉络的支线故事。

在来访者的工作中，人际关系是个比较重要的"关卡"。他几次都因为人际关系而离职，所以探索来访者对人品的看法和重视程度，也是重要的。在这里，我希望打开来访者和领导的对话空间，探索他希望遇到什么样的领导，让来访者看到，面对有挑战性的领导时，他会受到什么影响，他可以怎么想、怎么做，这可以为来访者未来与领导一起工作带来新的可能性。

来访者提到自己以前比较冲动，这是很重要的反思，我们可以陪他看到冲动具体指的是什么，如果冲动变少了，又会给他带来什么样的影响。从年轻的时候参加工作到现在，来访者的这些反思和蜕变对未来会有很大的帮助，会成为来访者生命的重要资源。

个案报告

一般资料

来访者为男性，35岁，已婚。来访者之前的最后一份工作是在二手车行业当评估师。来访者共从事了十几份工作，时间最长的持续了1年左右，最短的为期1个月。

来访者的心理困惑

来访者从2018年10月至今待业，想要寻找创业时机，但一直没有机会。最近来访者因家庭压力，不得不重返工作岗位。他一方面对创业还有想法，另一方面害怕重回工作岗位后还会因一些情况不符合自己的期待而无法长久坚持，于是来寻求咨询。

咨询过程描述

第一次咨询

咨询师首先和来访者讨论了咨询目标，来访者希望咨询师帮助他梳理自己在二手车行业创业能否成功。咨询师表示会帮助来访者梳理适合的行业，发掘来访者的能力、兴趣，但需要进一步澄清其兴趣，然后才能探索其从事一个行业的内在动力。

咨询师看到，来访者在过去十几年里，更换工作的次数比较多，因此认为在这个阶段需要通过职业咨询的方式来看看来访者看重的是什么,以此来确定来访者的职业方向,并制订计划。来访者也表示同意。

这次咨询主要梳理了来访者过往的职业经历。来访者在第一份工作快离职的时候就确定了要做二手车评估师,来访者认为二手车评估师的入职门槛低,没上过学也能干,尽管该职业的社会地位不是很高,但随着工作年限的增长,经验的积累,相对来说也会变得体面一些。之后,在来访者做了几年和销售有关的工作后,对这个行业有了更好的了解。来访者从2013年开始做二手车评估师,2014—2015年一直在这个行业里积累经验。

来访者描述了几次离职的原因:店里有年长的评估师,他们能力强,让来访者比较压抑;因为家里的一些事情而选择离职;因为和领导关系不好而离职;来访者原来负责的片区还不错,可是结婚之后被调到了另一个片区,于是离职;因为待遇降低,有些不满,于是离职;最后一次是因为对领导不满,在没有找到下一份工作时就提出了离职。

在和来访者梳理的过程中,咨询师发现离职都是来访者主动提出的。如果来访者判断(公司或领导)情况不佳,就会提前找好下家,然后辞职。来访者对高中老师说过的一句话印象很深刻:"在一个岗位上要做到让别人无法轻易取代。"来访者认为,别人不能取代的工作才比较稳定。

来访者想找一份符合自己需求的工作,符合需求可以理解为有充分的安全感、体面、加班少等。总之,只有获得一份具有安全感和稳定感的工作,他才能长久地做下去。如果工作中变化很多,就会令来访者有压抑感。

来访者认为走专业路线比较好。跳了几次槽之后,他也看到了过往工作中有一些可以提升自己的专业能力的机会,工作内容也还可以。但是,一旦他认为领导不太行,就不会留下来。

目前来访者的困惑可能源于这个过程中的矛盾。来访者想要的那种状态是需要走专业路线才能达到的,但由于一些人为因素和不可控的变动,导致来访者之前的工作与其预期不符,多次辞职阻碍了他的专业积累。和那些不频繁跳槽的人相比,他付出的成本大了很多,专业技能却得不到稳固的提升。

来访者表示不会像以前那么冲动了。

咨询结束时，咨询师和来访者商量，下次咨询需要梳理他的能力和优势，找到他的内在动力。

本次咨询总结

在咨询中，来访者谈到担心回到工作中后，会出现和以前相同的情况，即在出现不符合自己预期的状况时选择辞职。本次咨询的议题主要是，寻找之前频繁跳槽的原因。本次咨询中看到了各种不确定因素是来访者辞职的主要原因，而能力（包括专业技能、人际沟通技能等）的欠缺也加剧了来访者的不安全感。这些依然可能是来访者创业时会遇到的困难（如无法找到合适的合作伙伴等）。

纵观职业生涯，职场人所需要的能力，无论是打工还是自己创业，似乎都是相通的，创业时甚至更需要这样的能力，比如如何吸引与自己能力互补的合作伙伴等。

鉴于来访者目前的情况（家庭压力较大），自主创业短期内无法实现，重回职场是当务之急。来访者一边工作一边梳理未来的方向，两者并不冲突。

咨询师的困惑

1. 在梳理来访者过去的工作经历时，尤其是和领导、同事的关系时，感觉无法深入，这些与咨询目标不直接相关，来访者也不太愿意继续深入，所以没有继续对这方面进行工作。

2. 在梳理创业过程中的资源时，来访者最大的障碍是没有合适的创业伙伴。无论是打工还是自己创业，来访者似乎都卡在了关系这个层面。但咨询师本人不知道如何从这个层面进行咨询工作，于是选择了其他思路。咨询师应该就寻找合适的合作伙伴进行方法层面的梳理吗？

熙玥老师的回应

来访者能够来找职业咨询师谈话，希望在待业阶段探索自己未来的工作方向，不管是创业还是找工作，这都是积极的，是值得肯定的。

来访者为什么会想找职业咨询师来帮助自己？他是怎么找到这位职业咨询师的？我觉得，他留意到了生活中不同的资源。咨询师可以看见他对资源信息的敏感度，也可以看见他寻找职业咨询师的行动力。

许多年轻人在参加工作、迈入社会的过程中，会发生各种各样的事情。我常常觉得年轻人的职业生涯旅程，也是一个理解自己、面对挫折、发现自己、发挥自己的生命历程，是一个与现实生活磨合的过程。通过工作或辞职，年轻人可以看见和理解到底发生了什么事；自己在乎的是什么；什么对自己不一定那么重要。

来访者能够在职业咨询师的协助下，梳理自己的工作经历，澄清自己对工作的理解，探索未来工作的形式和方向，这体现了来访者特别想帮助自己的意愿，也体现了来访者投资自己未来的工作和生活的行动力。来访者请职业咨询师协助自己规划职业的行动力，是一份难能可贵的能力。所以，我认为这是一个非常有意义、有价值的职业咨询。

这位职业咨询师一步一步地陪伴来访者，陪他梳理面对每一份工作的经验、心得、辞职背后的想法等，让来访者在不同的工作和辞职换工作的过程中，对自己有更多的理解、看见和思考。我觉得这位职业咨询师特别地贴近来访者的在地性脉络，打开了一个流动的工作反思空间，让来访者更清楚自己未来的方向是什么。为更好地达成来访者未来职业选择的目标，职业咨询师也在逐步引领来访者做具体的准备，这种不断澄清、明确、具体化的过程特别棒。

这是一个职业咨询的案例，职业咨询师已经做了许多事情，这特别难得。感谢这位咨询师！接下来我分享我的一些想法，希望可以给这位职业咨询师一些支持。

丰富来访者的闪光点

来访者的闪光点很多,我先分享十三个闪光点,但并不限于这些。

重视创业伙伴

对于创业这件事,什么是合适的创业伙伴?虽然现在来访者还没有找到这个伙伴,但是他很重视这件事。可以陪来访者看看如下方面。

- 合适的创业伙伴的重要之处是什么?他可以为创业带来什么?
- 来访者过去找创业伙伴的经验是什么?他累积了怎样的心得?这些心得可以如何支持他未来找创业伙伴?(关于寻找创业伙伴的过程和细节,可以邀请他多说一点。)
- 那些有创业伙伴的创业者可能会在哪些平台上分享他们的故事和经验?他曾经在哪些平台上看过哪些分享?(目的是邀请他看一看其他人的分享,如果他曾经看过,就请他说一说。)
- 在一些平台上,别人分享的找创业伙伴的故事和经验对来访者的帮助可能是什么?

为帮助家庭而工作

家庭的压力让来访者不得不重返工作岗位,咨询师觉得来访者是一个愿意帮助家庭的人。

- 对于这一点,不知道来访者是否认同?可以和他澄清一下。
- 如果来访者确认这一点,那么他希望可以怎样帮助他的家庭?
- 他的帮助对于家庭的重要性是什么?
- 他的帮助可以为家庭带来什么?

在家庭的压力之下,他必须工作,也找到了一份工作。也许这份工作没有达到他的期待，但来访者为了养家糊口还是选择了工作。在这种情况下，咨询师可以陪伴来访者看看如下方面。

- 养家糊口的工作最不容易的地方是什么？（对"养家糊口"这样的比喻和来访者不容易的地方，进行更多对话或工作。）
- 养家糊口的工作是否也是算一种过渡？
- 来访者愿意为养家糊口而工作，他觉得自己难得的地方是什么？

这些问话的目的是找到来访者宝贵的闪光点。对于工作或创业，年轻人有自己的理想，有自己的节奏，有自己的韵律。来访者原来在家待业，现在选择出来工作，养家糊口。在还没有找到自己期待的工作之前先工作，先帮助家庭，咨询师觉得这是一件宝贵的事情。边工作边探索和寻找自己期待的工作和工作方式，也是一件宝贵的事情。这两个宝贵之处都需要被看到。同时，陪伴来访者看到寻找期待的工作可能需要经历一些过程，甚至有时会跌倒或遇到挫折，这可能也是咨询师的一个工作方向。

边工作边学习的力量

在案例报告中，我看到了这个部分。边工作边学习，这是一件很有力量的事情。

- 来访者边工作边学习，可以为未来的自己带来什么，可以如何帮助未来的自己？
- 根据来访者的经验，需要怎样的力量才能兼顾工作和学习？
- 来访者是如何支持自己的，让自己在工作的同时还可以兼顾学习？
- 在工作中和工作外，来访者对学习的期待是什么？
- 边工作边学习，可以让来访者学到什么？
- 来访者对学习的近期、中期、远期目标分别是什么？
- 这些不同阶段的目标可以如何帮助来访者未来做他期待的工作？

我感觉到，这位咨询师陪伴来访者做了很多重要、具体的工作。这也让我想到了教练这个领域。我试着贴近这位咨询师做咨询时的一些重要想法，思考如何在咨询里陪伴来访者。

这次的案例是职业咨询，虽然和过去的心理咨询有重叠的地方，但是，职业咨询有其独特之处。所以，在这个案例的督导中，有时我会按照职业咨询的方式设计一些具体的问话。

对找工作途径的思考

- 来访者提到有人给介绍工作可能会好一点，这指的是什么呢？
- 自己找工作和别人介绍工作，最大的不同是什么？
- 来访者自己希望用怎样的方式找工作？（在找工作的过程中可能有多种方式可以选择。）

有些人认为有认识的人介绍工作会比较安心，有些人认为工作要自己去找、自己去试。不同的找工作方式有不同的特点。这位来访者原来靠自己找工作，但现在他说有人介绍工作可能会好一点。在这里可以陪他多想一想，让他在这些思路上有机会多看一看，这是咨询中比较珍贵的地方。

寻求工作的稳定

对来访者来说，稳定是重要的，也能让他获得安全感。针对这一点可以看看如下方面。

- 对来访者来说，工作的稳定对来访者的重要性是什么？（来访者提到，做到让别人无法轻易取代的时候可以带来稳定。职业咨询师也就这方面进行了一些对话，还可以多问一点。）
- 要做到让别人无法轻易取代，需要付出哪些持久的努力？
- 要做到让别人无法轻易取代，最不简单的地方是什么？
- 要做到让别人无法轻易取代，最大的挑战可能是什么？

- 想要工作稳定，除了做到让别人无法轻易取代外，还有哪些因素也可以带来工作的稳定？

让别人无法轻易取代，这样工作就比较稳定，这是来访者的高中老师对他说的。这句话是来访者的力量来源之一，这很重要！同时，这位老师对来访者可能也很重要。有机会可以让来访者就这方面多说一点，可能这样的力量或关系能鼓舞他，支持他往前走。

尤其在现在这个时代，工作竞争很激烈，要做好工作，有太多的方面需要考虑。陪来访者建构他想要的稳定，或者陪他思考，这些都是非常难得的。

阅读带来触动

可以请来访者谈一谈他在2015年读的那篇文章。这篇文章给来访者带来了很大的触动，来访者开始考虑是不是应该自己干点什么。比如开一家汽车快修店，请来访者多说说，"是不是自己应该干点什么"带来的想法和反思。

"是不是自己应该干点什么"这句话就像为创业埋下的一个火种（我想到了火种这个比喻，也许还有别的比喻）。虽然目前他需要工作，但是陪着他思考，也会带来另外的流动。

人们在探索职业生涯的过程中，因为看了一些资料或与一些人谈话，收获了令自己触动的东西，这些东西都是人们的力量来源。所以也许可以聊聊以下话题。

- "是不是自己应该干点什么"对自己的意义和价值是什么？
- 来访者希望在当前的工作期间可以如何思考创业、准备创业、设计创业、实践创业？
- 来访者是否有机会在一些平台上看看创业伙伴需要具备哪些条件？

是否有平台可以协助人们寻找创业伙伴，是否有一些可以给他帮助的资源。可以试着寻找理想的创业伙伴，如果能找到也会令人惊喜。

有些人在寻找朋友（不管是男女朋友还是普通朋友）时会使用一些相亲平台，虽然使用相亲平台的过程中会遇到一些挑战，但有些人通过相亲平台找到了自己的伴侣。所以，我想，是否也有可以帮助寻找创业伙伴的平台，也许职业咨询师可以看一看，有时这种资源也能给咨询师带来很大助力。

坚持在二手车领域工作

虽然来访者在这十几年里换了很多工作，但似乎一直坚守在二手车这个领域。也许可以问问来访者如下问题。

- 来访者能坚持在二手车领域工作，这种坚持带给他的优势是什么？
- 是什么让他在十多年里坚持在二手车这个领域工作？
- 这种坚持对于他未来在二手车方向的创业最大的帮助可能是什么？

看到人际关系在工作中的重要性和价值

来访者在咨询师的陪伴下，看到了在工作中人际关系比专业能力更重要。来访者提到在与其他人的关系比较好的时候，工作起来感觉也不错。可以在此停留一下，看看如下方面。

- "感觉也不错"指的是什么？
- "感觉也不错"，可以为工作带来怎样的助力？
- 人际关系比较好，指的是什么？
- 在哪种情况下人际关系比较好？
- 和同事的人际关系好，指的是什么？
- 和领导的人际关系好，指的是什么？
- 和领导的分歧会为工作带来什么困难？
- 如果下一次在工作中遇到和领导有分歧的情况，通过和咨询师的讨论，来访者是否会有一些不同的想法或做法，去支持他面对和领导的分歧？

尽管来访者的人际关系似乎有一些困难的部分，但我们要先看看他的闪光点。因为他说也有人际关系比较好的时候，就从这些"比较好的时候"开始，多去丰富，多去理解。也看看当他和领导有分歧的时候，陪伴来访者一起思考，通过和咨询师的讨论进行反思，或者产生一些新的想法。通过来访者拥有的资源来面对他可能遇到的挑战。

看到和反思冲动

在这个案例中，来访者在职业咨询师的陪伴下，看到了自己的一些情况，也诠释了自己的一些行为。来访者提到了冲动，他认为自己以前比较冲动，这种情况以后可能会变少。我觉得来访者的这种"看到"和"反思"特别宝贵。咨询师可以贴近来访者的脉络去看看，也可以对"冲动会变少"做一些工作。

- 对来访者来说，冲动指的是什么？一般什么时候会冲动？
- 当冲动出现的时候，对来访者的影响是什么？
- 冲动对来访者工作的影响是什么？
- 当来访者说以后冲动会变少时，邀请来访者看看"冲动变少"指的是什么？
- 冲动可以怎么变少？
- 当冲动变少的时候，对工作的影响可能是什么？
- 现在的来访者看到 2010 年工作中的自己时，也许那个时候他有些冲动，现在的自己会对当时的冲动说些什么？

冲动变少是来访者自己提的，我觉得冲动变少是一个闪光点。所以咨询师可以多问一点，或许在"冲动变少"里有更多的故事。

虽然"冲动变少"只有四个字，但是我认为它可以变成延续的对话。如果带着现在的"冲动变少"思考过去，看看从 2010 年到 2018 年这 9 年来工作的变化，来访者对每一次的工作变化有什么不同的想法？或许这是一个改写故事的奇妙旅程（见图 8.1）。

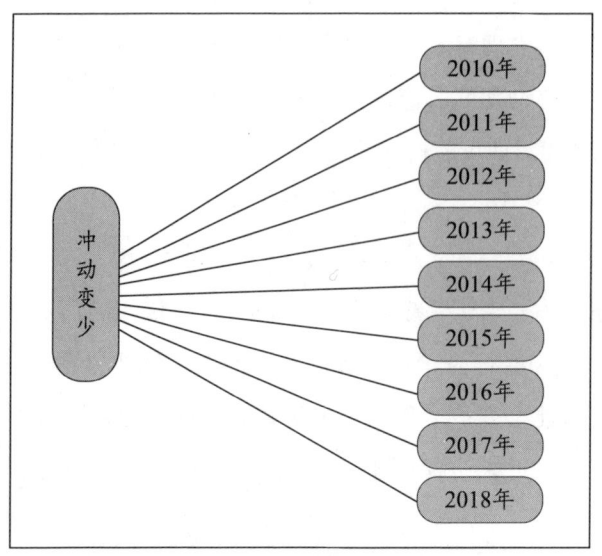

图 8.1　冲动变少

咨询会带来很多思考、成长和理解。我们不仅可以看看 2010 年，即 10 年前的他，也可以看看"冲动变少"对 2011 年、2012 年、2013 年、2014 年、2015 年、2016 年、2017 年、2018 年的他有什么影响……来访者想对那个时候的自己说些什么？看看来访者每一年在工作上的想法和变化。

我们不确定"冲动"在过去来访者的工作中扮演着怎样的角色，但是通过 2020 年的冲动变少，看看过去 9 年来的工作的变化，这是很宝贵的。所以，我们不能告诉来访者应该怎么做，而是陪伴他，让他带着反思陪伴过去的自己。然后，陪伴他带着反思在未来更好地工作和生活。

工作的过程也是一个成长的过程。从年轻的时候参加工作，一直到现在，可能来访者有很多成长，也有很多反思、很多蜕变。虽然过去已经过去，不能再改变，但是带着成长的自己看看过去的自己，是一件非常宝贵的事情。

打开来访者面对领导的对话空间

在这个案例中，来访者的几次辞职都与他对领导的一些想法有关，所以打开面对领导的对话空间，可能也是重要的对话。

职场上有一个普遍的主题，即我遇到了什么样的领导？如果遇到了好领导，工作会顺利很多；如果遇到有挑战性的领导，工作中会遇到比较多的坎坷。当然，每个人对好领导的定义不一样。

总之，因为当今工作的节奏很快，变化很多，就像职业咨询师说的，领导也有很多变化。让一名领导在一个工作岗位上待足够长的时间，并且熟悉他的所有工作，熟悉他的每一位员工，这种情况出现的概率也在降低。在这种大环境下，下级员工与不同的上级领导相处，不是一件简单的事情，大家也都在探索和不同领导的相处方式。如果遇到高压型的领导，可能就会面临很多挑战。所以可以针对这个主题，与来访者进行一些对话。

- 在来访者的经验中，什么样的领导是来访者欣赏的？
- 这种欣赏与来访者在乎的价值和信念有怎样的关联？
- 欣赏领导对来访者的工作带来的影响是什么？
- 在来访者的经验中，与什么样的领导一起工作会让来访者感觉比较困难和有挑战性？
- 这种困难和挑战是如何违背来访者重视的价值观和信念的？
- 和有挑战性的领导一起工作，对来访者的影响是什么？来访者最辛苦的地方是什么？
- 在和有挑战性的领导一起工作的过程中，有哪些心得对来访者来说是重要的？
- 领导似乎代表一种权威形态，来访者与权威的关系是什么？对权威的感想是什么？

通过这个案例我想到，工作中和领导的关系是不是现在年轻人工作中一个很重要的主题？这也带给我一些反思。

我们工作的时候都会遇到领导，我们和领导的相处似乎多多少少会受到过去和权威相处的经验的影响，虽然不一定百分之百相关，但会有一些联系。如果有机会看看来访者和权威的关系，可能会给来访者现在和领导的关系带来一些反思和帮助。也许有一些来访者还没有准备好谈比较深的议题，所以咨询师不必着急，允许来访者，也允许自己慢慢来。当可以去思索、去理解的时候，也许对于来访者未来如何面对领导，会带来新的可能性。

关于人品的重视

来访者提到曾经一次辞职是因为老板人品不行。对于人品，可能来访者有他所重视的东西。所以来访者对老板人品的想法，可能也是这个来访者的一个重要的闪光点。

- 对来访者而言，老板的人品不行，指的是什么？
- 对来访者而言，老板的人品需要具备哪些条件？
- 老板的人品对来访者工作的重要性是什么？
- 来访者发现老板人品不行，干了一周就辞职了，可能是因为老板的人品与来访者的价值观和信念有冲突。这件事让来访者对自己增加了哪些理解？
- 来访者不愿意为工作而妥协，坚持自己很重视的信念，这种不轻易妥协的自己是怎么形成的？
- 对于不轻易妥协的自己，最难得的地方是什么？

通过来访者点点滴滴的表达，去探寻、贴近、丰富他所重视的东西。人们也是通过工作中的不断反思理解自己的。

探索适合自己的职业

职业咨询师陪伴来访者整理了他离职的原因及对此的解释，我觉得这一部分资料特别宝贵。所以我在图 8.2 中把这些原因及解释列了出来：（1）店里年长的评估师能力强,令来访者感到压抑;(2)和领导的关系不好;(3)领导在来访者结婚之后,把来访者调到另一个片区;(4)待遇降低;(5)不满领导。

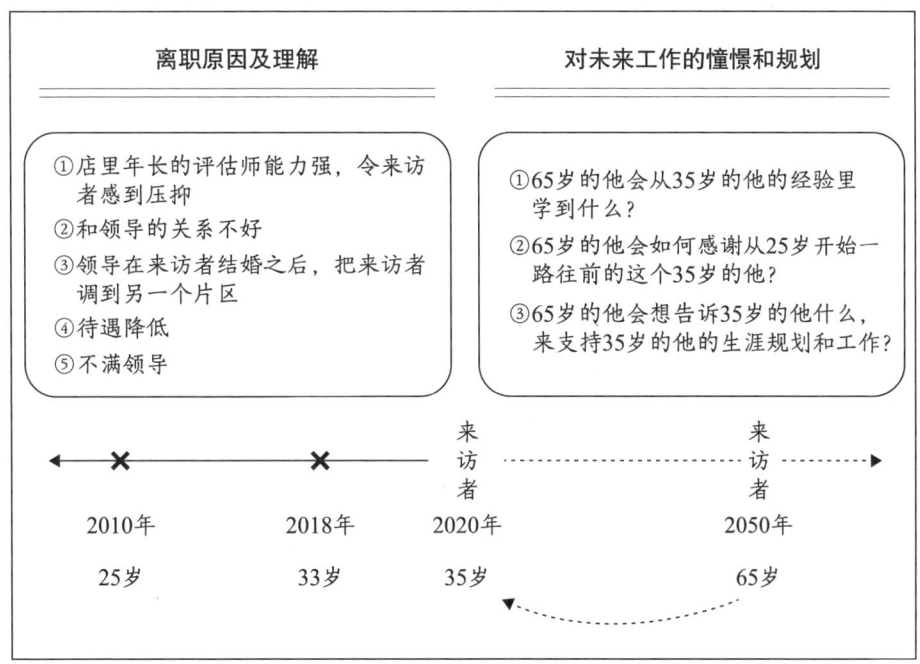

图 8.2　来访者的生命经验

我一直认为,人们可以整理自己多年的生命经验,所以我画了这张图,梳理了 2010 年到 2018 年之间来访者的离职原因。通过咨询师的陪伴和整理,咨询师看到了来访者的这一段历程和生命经验。

来访者今年 35 岁,2010 年的时候他 25 岁,还很年轻。当来访者与职业咨询师谈这段历程和经验的时候,咨询师陪伴他进行了系统的整理和整合,这样的谈话可以促进来访者对自己的理解。所以我想了解,来访者看到过去这么多年自己的情况,他对未来工作的憧憬和规划是什么?他可能会想创业,他可能会有不同的想法,可能会探索职业价值观。

在图 8.2 中可以看到,我画出了来访者 65 岁的时间点。

- 退休后,"65 岁的他"会从"35 岁的他"的经验里学到什么?或者从对"35 岁的他"的经验梳理中学到什么?
- "65 岁的他"会如何感谢从 25 岁开始,一路走来很不容易的自己?
- "65 岁的他"想告诉"35 岁的他"什么,来支持"35 岁的他"的生涯规划和工作?

有时,如果单独探索人们在工作中遇到的点点滴滴,也许看不出什么。但是,如果探索十多年的历程,其实是非常宝贵的。用这种跨越时空的方式探索生命历程,会获得很多宝贵的经验,这些经验也是走向美好未来的助力。

在生涯规划中,我特别偏好这种跨越时空的对话。不是我告诉来访者怎么做,而是让未来年长的他陪伴现在的他,看见现在的他,我觉得这种力量很强大。因为生命历程不只有现在和过去。过去的经验和现在的思考,都会对未来产生很大影响,带来支持和帮助。这种跨越时空的对话可以打开更大的空间,也会给来访者未来的工作憧憬和规划带来一些新的思考。

如果有机会,可以把来访者的妻子和孩子纳入进来。
- 老年的妻子(在退休的年纪)会如何感谢一路走来的自己?
- 孩子会如何感谢爸爸?

下文会提到家庭系统的内容。我们可以通过家庭系统,在跨越时空的对话里丰富来访者的力量。

家庭压力成为助力

来访者提到由于家庭的压力,现在需要去工作。看一看来访者家里有哪些人?可能有妻子、父亲、母亲,还有孩子。
- 家人对于来访者的工作所施加的压力是什么?
- 每个家人对来访者工作的看法是什么?
- 家人所施加的压力背后,是否有他们各自的心意和期待?

- 被家人期待有时是一件好事，可以激发人们的潜力。来访者觉得，家庭压力是否能激励他发挥潜力？
- 如果可以，这些潜力会为来访者带来什么？这些潜力又会为他的家庭带来什么？
- 家人过去和领导相处的经验是什么？一般他们是如何面对不同的领导的？
- 家人是否当过领导？他们当领导的经验是什么？
- 家人如果过去是被领导的下级员工，他们是如何与不一样的领导相处的？
- 什么样的相处方式是有帮助的？什么样的相处方式可能会带来挑战？

家庭压力可能也会带来助力。如果有机会，可以邀请来访者听一听家人的看法。家庭治疗中提到，人们的困难不只是自己的困难，可以从不同的关系中去探索困难，从而带来新的可能性。

职业咨询对话

来访者在乎的职业价值观

陪伴来访者看看，来访者重视的是什么？在这一点上，职业咨询师做得特别好。我通过职业咨询师的案例报告，画了一张图来呈现来访者重视的职业价值观（见图8.3）。

通过图8.3我们可以看到来访者在工作中所重视的东西：收入不错，稳定，有一定的自由度，人际关系好，受人尊重，专业技能提升。当来访者65岁的时候，会如何鼓励35岁的自己去实践自己在职业中这些重视的东西？也许过去来访者能隐约感觉到自己重视的是什么，但不一定很清晰。通过职业咨询师的陪伴和系统化，来访者对于自己"看重"的是什么，自己想要的是什么,可能会有更全面的理解,从而可以更好地往前走。

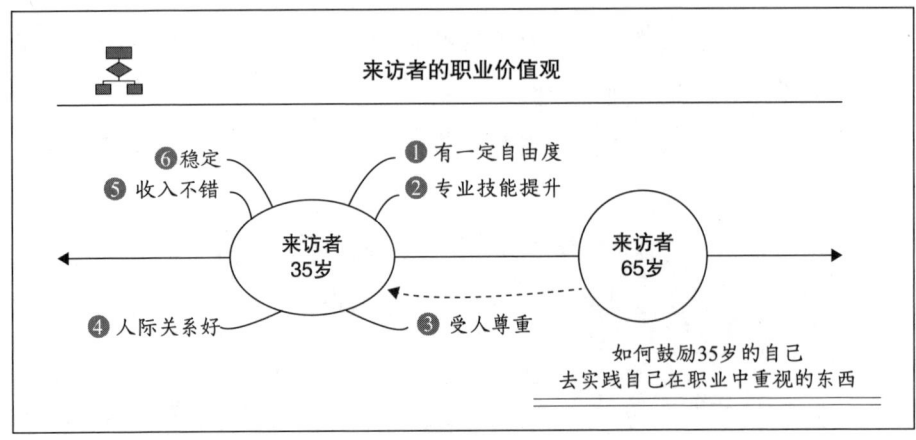

图 8.3　来访者的职业价值观

不同方案的实践

"来访者的职业价值观"就像一张蓝图,怎样邀请来访者一步一步去实践,可能需要一个过程。

制定方案的目的是把理念转化成行动的具体步骤。在职业咨询、生涯规划或教练中,很重要的一个原则就是实践,这可能和心理咨询不太一样。关于职业价值观,可以思考不同方案的实践,即如何把图 8.3 中这六个对来访者来说很重要的东西放到对话中。下面我提供了六个方案,可供参考。

收入方案

- 设计一个关于"收入不错"的方案。来访者目前的薪水是多少?
- 他认为每个月增加多少收入是可以做到的?可以如何实现?
- 关于收入的近期目标是什么?中期目标是什么?长期目标是什么?

来访者希望工作的"收入不错",将其具体化。这可能需要一些时间。我喜欢设计方案,设计方案可以让事情变成现实。

稳定性方案

来访者提到，当他做到让别人无法取代的时候，就会觉得工作是稳定的。那么可能要看看如下方面。

- 要做到让别人无法取代，可以努力的方向是什么？
- 他的计划是什么？可以如何实施？（这些方案不再停留在理念层面，而是重视实践，有时需要非常详细。）
- 还有哪些情况可以带来稳定性？
- 对于这些情况，他可以努力的方向是什么？
- 对于这些情况，他可以如何实践？实践的计划和实施步骤是什么？

自由度方案

关于这个自由度方案，职业咨询师可以看看对来访者有没有帮助，如果有，可以和来访者进行讨论。

- 来访者希望晚上的会议和加班减少。如果想实现这一点，他该如何和公司协商？
- 他该如何既坚持自己的原则，又留有一定自由度？
- 他认为还有哪些东西可以开启他生活中的自由度？可以如何实践？

在工作中，大家都有一些愿望，如果只让这些愿望停留在想法的层面，就无法实现。但如果让愿望具体化，即制定实现愿望的步骤或行动方案，通过计划和行动，就可以让愿望成为现实。

关系方案

在这个案例中，首先要探究来访者和领导的关系；其次是和同事的关系。关系也可以通过具体化来呈现，其中有非常多细节，可以一步一步去实践。

对于和领导的关系，可以看看如下方面。

- 来访者希望拥有什么样的上下级关系？
- 什么样的关系是他想要努力拥有的？

- 他和领导的关系是什么样的？
- 他能用哪些方式和领导相处？
- 他和领导可以怎样建立关系？

对于和同事的关系，可以看看如下方面。
- 来访者能用哪些方式和同事相处？
- 他和同事可以建立怎样的关系？

受人尊重方案

这个方案可以分为如下三个部分。
- 来访者可以在他的行业中探索处于不同职位的受尊重度。
- 他如何选择更加受尊重的职位？
- 如果他无法立即获得受尊重的职位，他可以如何逐步努力争取受尊重的职位？

专业技能提升方案

可以看看如下三个方面。
- 确认来访者想提升的专业技能是什么？可以分为近期、中期、长期的目标。
- 制订计划去提升技能，也可以分为近期、中期、长期的目标。
- 如果在工作中落实计划？也可以分为近期、中期、长期的目标。

综上所述，以上每一个方案都包含很多细节。这些方案也是蓝图，是可以实践的方向。上述六个方案，都可以支持来访者实践他的职业价值观。

能力优势的对话空间

关于能力优势,可以聊的方面有很多。在职业咨询领域,可能也有一些大家达成共识的指标。我想从以下九个方面来分享如何与来访者谈论能力优势。

1. 请来访者说一说他对能力优势的想法,他觉得有哪些能力优势对他特别有意义、有价值。

2. 这些有意义、有价值的能力优势,是怎么形成的?他是怎么运用它们的?过去在他的成长过程中,它们对他的帮助是什么?它们给他的工作带来了什么帮助?来访者希望看到他拥有的能力优势是什么?

3. 曾经和他共事的人可能会感受到他的一些能力优势,这些同事会怎么描述来访者的能力优势?在关系中观察能力优势。

4. 这些同事曾经如何受惠于来访者的能力优势?

5. 有哪些能力优势是来访者特别看重,且目前还在继续提升的?是什么让他看重这些能力优势?

6. 来访者希望这些能力优势对他未来的工作带来怎样的帮助?

7. 学习这些新的能力优势会遇到什么挑战?来访者想要怎么克服这些挑战来增强自己新的能力优势?

8. 在来访者的生活中,有哪些人会支持来访者习得不同的能力?

9. 这些人的支持,无论是朋友、同事或家人,可以给来访者的学习带来怎样的力量?

可以使用图 8.4 邀请来访者看看他的能力优势。能力优势并非"与世隔绝的",所以我们要把能力优势放在关系中去工作。

可以邀请来访者在关系中看看他的能力优势,不论是已习得的能力优势还是尚在学习中的能力优势。能力优势不只是个人能力的体现,关系对能力优势的展现也有影响,这属于社会建构理论的内容。

248 / 后现代关系督导案例解析：创造性疗愈行动与生活实践

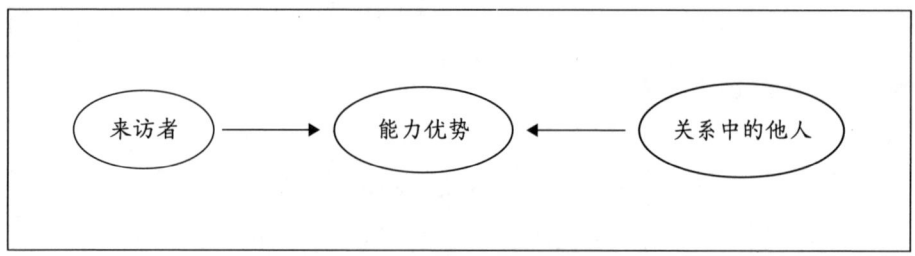

图 8.4　来访者的能力优势

对于来访者而言，怎样从自己和能力优势的关系中，以及他人和他之间在能力优势的社会互动中，去理解和诠释属于自己的在地性能力优势，这是一个比较开放的对话空间。

我可能会与来访者分享一些坊间学者或专家整理出来的能力优势，在分享的过程中，我也会留意来访者的想法。不要让学者和专家的想法淹没来访者独特的想法，变成唯一的真理。

可以通过以下过程和来访者分享学者或专家看待能力优势的思路。可以参照图 8.5、图 8.6 和图 8.7 来理解这个过程。

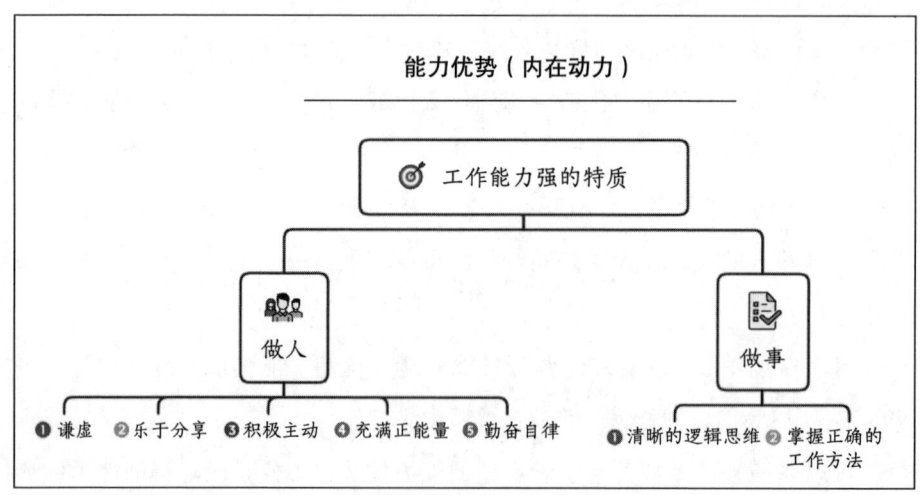

图 8.5　能力优势

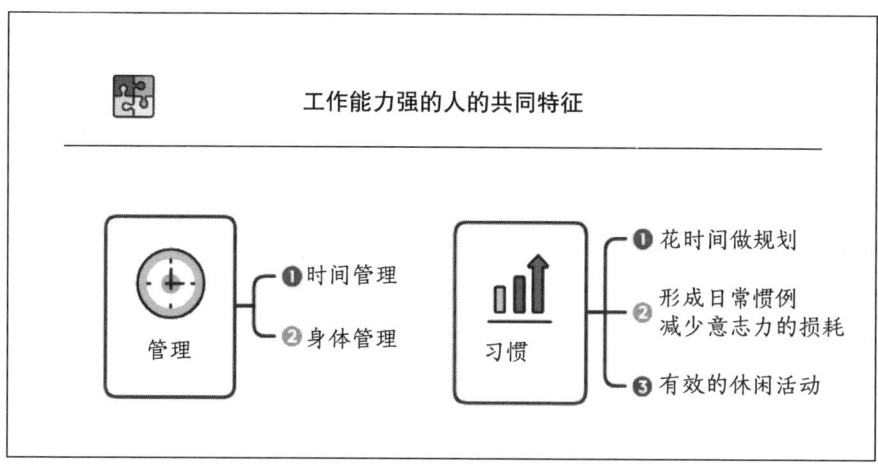

图 8.6 工作能力强的人的共同特征

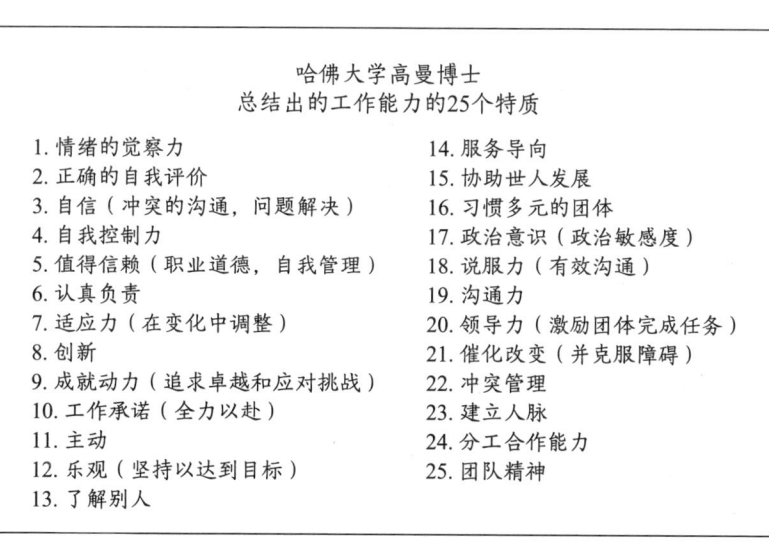

图 8.7 工作能力的 25 个特质

1. 咨询师可以将这些资料分享给来访者,也可以让来访者找一些对他来说有意义的资料,和咨询师分享。

2. 请来访者浏览这些资料,说说自己的看法。邀请来访者发出不同的声音。

3. 询问来访者，在浏览这些资料时，有哪些能力优势让他印象深刻？哪些对他触动比较大？听听他所重视的是什么。

4. 从来访者的重要诠释和赋予的意义开始工作，进行进一步对话。

5. 进一步深入对话。例如，如果来访者在做人做事的想法方面受到触动，咨询师可以进行细致的对话，邀请来访者建立属于自己的做人、做事的诠释和行动。也可以就这个思路在对话中和来访者交流，帮助来访者带着明确的意图建立自己的能力优势。

6. 听听来访者对于做人做事的看法，来访者与做人做事的看法的关系等。来访者如何评估自己的"做人做事"？他做到了什么？他想在哪方面努力？他在做人做事上的目标是什么？会有什么挑战？可以怎么努力？

7. 来访者希望1年后或2年后的自己在做人做事的想法和行动上有何进展？针对不同的方面，探寻来访者的意图性觉察和意图性实践。

8. 在丰富能力优势的视角中，如何拓展来访者想要的能力优势？当然这还是需要一步一步来，不可能一步到位，也可以逐年拓展。这个过程只是邀请来访者将自己已有的能力优势作为基础，在职业咨询师的带领之下，逐步增加来访者想要拓展的能力优势。

9. 职业咨询师有专业经验和理论架构以及与时俱进的观念，职业咨询师如何带着这些重要的专业资源引领来访者创造自己的能力优势？

图 8.5、图 8.6 和图 8.7 只是一些示例，供大家在陪伴来访者的时候参考。也可以邀请来访者找一些他觉得对他有意义的资料，或者职业咨询师可以找一些在这个专业领域里中大家都认可的能力优势。

家庭系统对话

关系会带给人们力量，尤其家庭系统对每个人而言都很宝贵。当然职业咨询师也要看看进行家庭系统的对话是否适合。

- 来访者在职业生涯中的探索和努力，对家庭的贡献是什么？

- 来访者在职业生涯中的探索和努力，会为他的妻子带来什么？会为他们的婚姻带来什么？
- 来访者在职业生涯中的探索和努力，会为自己的孩子（包括即将出生的孩子或还没有出生的孩子，或者未来的孩子）带来什么？
- 来访者在职业生涯中的探索和努力，会为未来或退休后的自己带来什么？
- 老年的自己会怎么感谢年轻的自己在职业生涯中所经历的挣扎、调整、努力和付出？

咨询师的回应

非常感谢熙珺老师对这个案例全面、细致的督导。这个案例实际上是咨询师于2个月前提交的。在这期间，咨询师又与来访者进行了第二次咨询，来访者在现实中的状况也发生了一些变化。熙珺老师提到的这个来访者身上的很多闪光点，以及咨询师应该去探寻的地方，有一些在第二次咨询中进行了深入的探讨。

这是一个职业咨询的个案。在职业咨询中，一个个案大约会进行3～4次咨询。所以咨询师接到这个个案的时候，咨询师知道自己可能只有3～4次的工作机会。而对于这样一个做过15份工作的来访者，他所提供的和咨询师所收集的信息对咨询师来说，梳理和澄清的工作量很大。所以咨询师在第一次的咨询中，主要澄清了来访者每一次的工作变动以及辞职的原因。

在第二次咨询中，咨询师渐渐发掘出来访者想要的是寻找合作伙伴共同创业，并与来访者探讨了想找什么样的合作伙伴。同时，咨询师使用了一些生涯构建理论，比如萨维克斯的生涯建构理论。探讨了来访者崇拜的人是谁，让合作伙伴的形象在来访者的脑海里进一步清晰。也探讨了他想要在创业中扮演什么样的角色，对此进行了具体清晰的对话。但是也有一些方面是咨询师没有去深入探讨的，比如"冲动减少"这个部分。如果有第三次、第四次工作机会，这可能是咨询师要尝试去做的。

在这个案例中，咨询师能够感受到两个方向的关系。一个方向是领导的关系，另一个方向是家庭的关系。从这个角度，可以切入去工作的角度其实很多，咨询师也很想从关系的角度去切入。但咨询师知道在职业咨询中，咨询师的时间可能并不充分。

另外，来访者来求助时的困惑是，他希望能够做一个决定。在时间不宽裕的压力下，咨询师没有足够的时间从关系角度看待他的问题。所以，咨询师非常想听一听，从心理学的角度以及从熙珏老师的角度，如果从亲密关系或者从和领导的关系这个角度切入，咨询师大概可以从哪几个方向去工作？如何引导来访者看到这个部分？

在职业咨询里，似乎不太敢深入挖掘关系这个部分。因为如果深入挖掘，一定会有一些新的发现，而这些新的发现可能会让来访者面对更大的焦虑，他可能也无法以一种有耐性和开放的心态探讨这个部分。咨询师感到来访者在谈论关系的时候是比较排斥的，可能时机还不够成熟。所以，咨询师不知道这样的深入对于解决他目前的困惑会不会有帮助。如果咨询师还有机会工作，是不是可以从这个角度切入？会不会带来进展或突破？

在优势这个部分，熙珏老师也做了很多解读。咨询师就这个部分，使用了盖洛普的优势分析。因为这个来访者在来咨询之前，自己就已经做了一些这样的测试。虽然不是非常权威的测试，但是也能看到他的一些优势角度。咨询师从这些角度出发，对他的优势能力进行了解读。

咨询师对熙珏老师提到的"能力优势不只是个人能力的体现，关系对能力优势的展现也有影响"这个观点很认同，也深受启发。这些解读让咨询师看到了从关系角度应当如何更好地为这个来访者服务，更好地带领他看到一些内在的东西。通过这次的案例督导，咨询师对整个案例的脉络的理解都更加清晰了，特别是如何从关系的角度切入去工作。

结语

这位来访者愿意探索自己频繁换工作的行为，真的很勇敢。他可以坚守在二手车领域，并持续向前迈进，这是他宝贵的优势。咨询师可以陪伴他，理解工作和辞职的脉络，了解他所重视的是什么，这些都很重要。

咨询师可以在来访者的独特性中，探索他在乎的事、他的家庭压力，以及他必须出来工作的不容易，贴近他的脉络，打开更多的对话空间，支持他在他期待的工作和创业里逐步建构他想要的未来。

许多关系对话也可以在咨询中展开，无论是他与自己和工作的关系，还是他与领导的关系、与同事的关系、与家人的关系。年轻的他有很多活力、梦想、前行的力量，在职业咨询师的陪伴下他一定会越来越好。

祝福这个来访者，祝福他的工作，祝福他的多元关系，也特别感谢职业咨询师的陪伴和引领！

理 论 梳 理

第一，生涯的探索和梳理。在陪伴来访者这个方面，咨询师已经做了很多工作，再看看咨询师还可以做些什么。

第二，和权威的依恋关系是否安全。在职业咨询里，这样的工作也许不容易，不过可以慢慢来。

第三，能力优势的拓展与实践。

第四，不同系统的资源。

练　习

　　大家可能都有一些职场经验，不论是自己当领导还是被领导，这是一个重要的主题。这个练习可以帮助大家试着打开自己当领导或被领导的经验的对话空间。看看哪些经验让你印象深刻？和其他人分享一下。

　　通过大家的分享，看看你会如何丰富这些经验？看看大家觉得当领导的挑战是什么？被领导的困难又是什么？大家是如何努力当领导的？或者是怎么努力当下属的？领导者想要带给下属的是什么？下属希望给领导什么支持？如果咨询师觉得这个练习对来访者会有帮助，也可以分享给来访者。

当领导/被领导经验的对话空间

- 在当领导/被领导的经验中，有哪些经验让你印象深刻？
- 当你是领导时，你是怎么当领导的？什么对你最重要？当你被领导时，你会如何当下属？什么对你最重要？
- 作为领导的你，最大的挑战是什么？作为下属的你，最大的困难是什么？
- 作为领导的你，你所做的最大的努力是什么？作为下属的你，你所做的最大的努力是什么？
- 你会如何感谢愿意当领导的自己？你会如何感谢愿意被领导的自己？
- 领导者最希望带给下属的是什么？下属最希望给领导的支持是什么？

结语

　　这个练习带给你（不论你是领导还是下属）什么体会和反思？

案例八督导思维导图

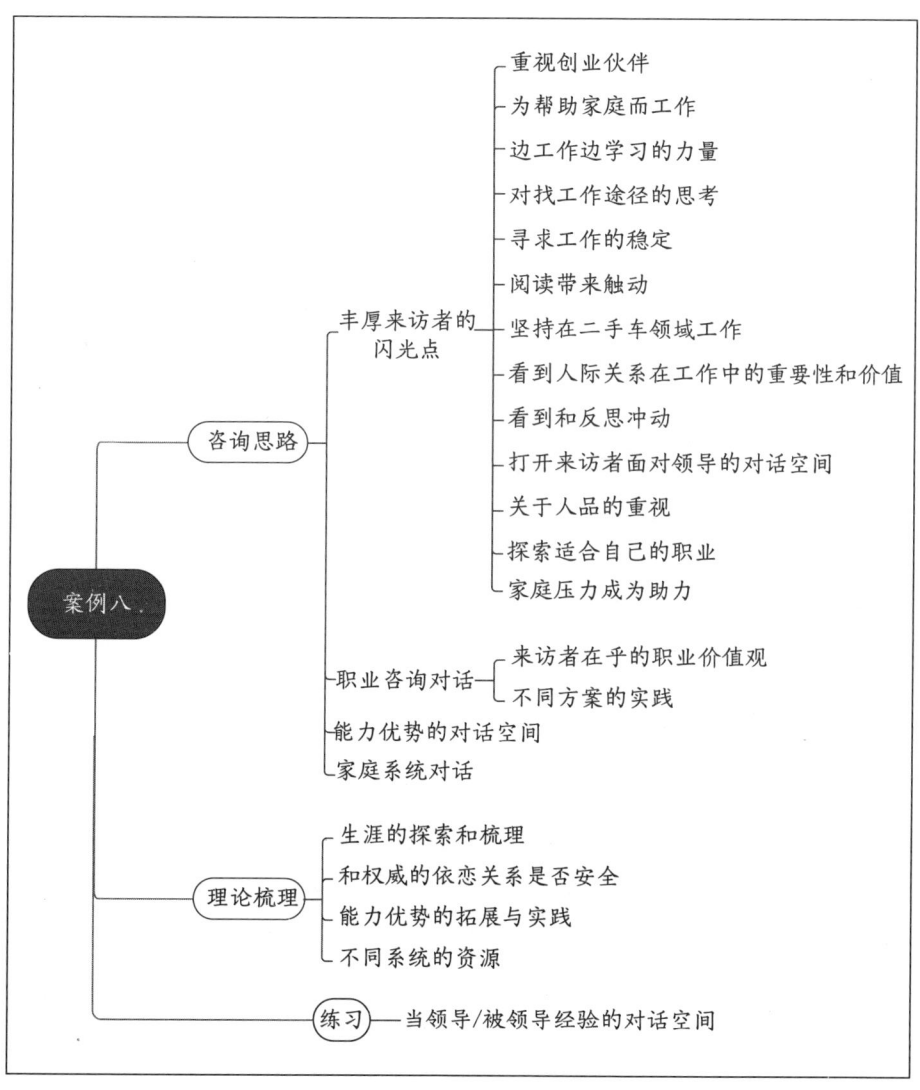

思维导图绘制：于晓阳

案例九　用后现代理念创造有韧性的团队

疫情带给人们前所未有的压力。在后现代的理念之下，无论组织或团队的情况如何，无论负责人带领团队的工作有多艰难，咨询师总是会用心地通过对话陪伴团队探索他们的资源：同事的资源、团队关系的资源等。

企业或组织的对话工作，一定要建立在理解企业组织－生态系统脉络的基础之上。企业或组织中的对话工作对象，不只有团队成员，还包括负责人、领导的期待，以及整体企业或组织重视的文化和目标，这些都是环环相扣的。

在疫情中，人们不只要面对工作，还要面对家庭和关系，许多家庭必须长时间待在一起，这是我们以前没有经历过的，其中有两种关系是许多人最常经历的：伴侣／夫妻关系；亲子关系。这些都特别不容易。

让人们分享一些生活的心得，会让每个人看到他原来没有看到的地方。领导、负责人能够支持员工，所有员工可以互相关怀，这样的团队会带给团队成员安全感、安心感。

在后现代的组织工作里，关系性的存在是后现代组织心理学的努力方向。在团体对话中不仅要看到个人的价值和力量，还要看到团队关系的意义、价值和力量。在团体对话中，可以让大家看到团队的潜力和可能性，对团队、彼此、自己都有认同感。

个案报告

一般资料

该案例是针对某直辖市的国土资源局团队的心理辅导。该部门主要负责人的期待是：

1. 通过团体活动为公务员（都是女性，10人左右）舒缓压力，让她们感受到团队的关爱；

2. 帮助成员处理亲密关系，如伴侣/夫妻关系、亲子关系等。

个案背景

在疫情期间，政府部门的压力非常大。工作人员一方面需要面对社会舆论的监督；另一方面，也需要面对各自家庭中的夫妻和亲子关系的挑战。

该部门的主要负责人是女性，她原本就非常注重公务员的精神养护，常常会对自己单位的公务员进行传统文化的熏陶。她感受到公务员在这种内外环境的压力下，需要通过一定途径来释放情绪。该负责人前来求助咨询师，希望知道在疫情期间可以通过什么样的方式支持这个部门，并且希望在疫情好转之后，可以提供一次团体的心理疏导活动。所以，这是一个还没有开始进行的面向政府机构的心理援助活动。

咨询师呈报案例的初衷是，目前在疫情的复工生产期，不仅政府部门面对着舆论和服务的压力，企业也正面临经济增长的压力，大家都面临着前所未有的挑战。咨询师所在的咨询中心正在进行的一个 EAP[①] 项目，正面临着这样一家企业的需求。

该咨询中心为另一家企业提供了2年的个案咨询服务，这是一家大型制造业企业。该企业近期也希望咨询机构可以为企业提供以部门为单位的心理

[①] 英文全称为 Employee Assistance Program，直译为员工帮助计划，指由企业为员工设置的一套系统、长期的福利与支持项目。

疏导活动，以增进企业领导和员工之间的关系、促进员工与员工之间和谐的人际关系。咨询师感到企业是一个有机体，每位员工就是其中的细胞，各种情绪就像穿梭在企业之间的气血。

陪伴团体在发展的过程中面对各种内部矛盾时，适时加入合作的思维，加入情绪层面的对话，设计出一套行之有效的方案，或许是心理学在政府机构和企业中的一个比较实际的运用。

咨询师的困惑

咨询师在督导中希望解决的困惑主要有以下三个方面。

1.怎么和政府机构、企业单位谈这样的心理援助项目？咨询师没有太多的企业团体辅导经验，在后现代理论的思路下，咨询师可以如何和企业谈论心理援助活动？

2.一般的心理团体活动和企业心理团体活动是有区别的，在方案设计的过程中，需要重点注意什么？

3.如何把中国文化中的"修身，齐家，治国，平天下"的理念应用于企业的心理团体活动中，打开组织内部的对话空间？

熙玥老师的回应

感谢咨询师呈报的案例，让我们有机会看看怎么给企业、政府机构做团体心理援助工作。

这位政府机构部门的女性负责人是一个很有责任心的人，她平时非常注重她的团队成员的精神养护，会通过传统文化的熏陶来滋养她的团队。这次遇到疫情，她本着对团队的关注，考虑可以通过怎样的方式持续支持她的团队，帮助团队成员疏导情绪。

作为负责人的她，愿意寻求外援来支持她的团队、支持她重视的理念和价值，不仅把办公室的行政工作做好，而且会关注人的部分，这表明她是一个有人情味的女性负责人，这特别难得。她还希望在疫情之后，能进行一次团体心理疏导活动，这特别让人感动。

对咨询师的感想

咨询师能够支持这位女性负责人，陪伴她关注在疫情中的团队，通过心理学来滋养团队，这是一件特别有意义、有价值的事。

看到这个案例的时候，我画了一张图（见图9.1）。

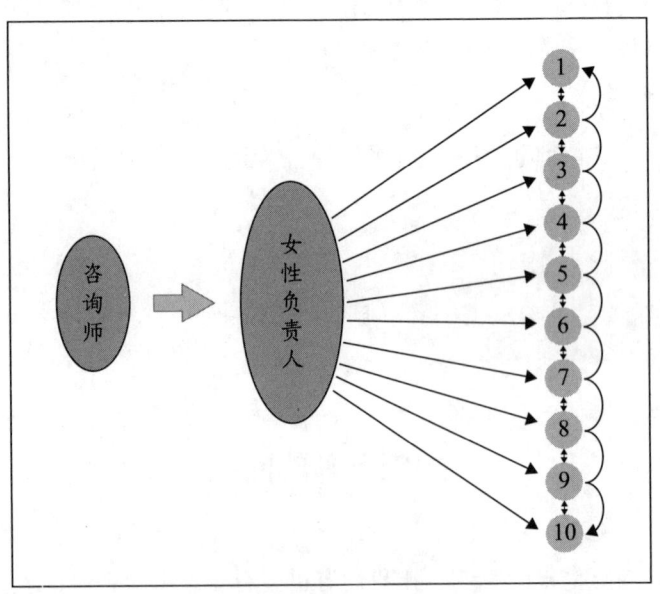

图 9.1　女性负责人与团队成员

图 9.1 的左侧呈现了咨询师去支持这个女性负责人；最右侧呈现的是这个负责人团队中的 10 位女性成员，她可以怎样支持每一位团队成员呢？这样的支持，可能会让团队成员之间彼此支持，形成良性循环。

另外，咨询师对于自己所在的咨询中心目前进行的 EAP 项目也有所思考。

咨询师看到企业是一个有机体，如何让有机体内的气血通畅，通过企业的团体辅导支持企业多元的各方面？咨询师的思考特别有前瞻性。

感谢咨询师愿意陪伴政府部门的主要负责人，愿意思考、探索可以如何更好地支持企业有机体，这些都是非常珍贵的，可以支持政府部门和企业团队的工作。

如何与政府部门、企事业单位等组织工作

针对与政府部门、企事业单位或其他社会组织的工作，我首先想到的是，在后现代对话工作中，怎样通过陪伴，通过多元的对话方式，丰富组织中各个层面的力量。在后现代心理学中，当我们有机会陪伴企业和政府部门的时候，可以带着这样的理念和想法去工作。

这些想法是怎样流动的？我们又可以怎么操作呢？

在后现代的理念下，无论组织或团队的情况如何，无论负责人带领团队的工作有多艰难，咨询师总是会用心地通过对话陪伴团队探索他们的资源：同事的资源、团队关系的资源等。

陪伴团队聆听彼此的工作、理解彼此的工作、关心彼此的工作，在对话中打开一个差异是被允许的、安全的、尊重的空间。大家同心协力为企业努力，而不是大家相互竞争，只想凸显自己。

在后现代的组织工作里，关系性的存在是后现代组织心理学的努力方向。在团体对话中不仅要看到个人的价值和力量，还要看到团队关系的意义、价值和力量。在团体对话中，可以让大家看到团队的潜力和可能性，对团队、彼此、自己都有认同感。

后现代理念非常重视对话建构的力量，如何通过对话创造期待中的组织，是企业咨询师可以努力的方向。

在企业组织的团体工作中，不能把员工看成单独的个体，而要看成工作团队。他们不同的人生经验在同事面前怎么呈现，也是需要考虑，需要被保

护的。因此，打开团队的对话空间，增进成员彼此的理解，看见彼此宝贵的地方，这种尊重的、去病理化的对话空间，在后现代的组织工作中特别重要。

后现代对话特别适合企业或组织工作，不论是政府机构还是企业，因为它的思维和问话方式，总是会让参与的人找到自我价值、团队的价值和力量。

如何开展团体心理疏导活动

团体心理疏导活动的思路

不同的后现代咨询师做团体心理疏导活动时，背后的理念可能是相通的，但是设计的活动可能有些不一样，我分享一些想法供大家参考。

首先，咨询师与负责人建立关系，支持负责人为团队做一些想做的事情。如果有机会和主要负责人交流，我想以下八个方面是可以努力的方向。

1. 聆听、理解负责人。在带领团队的时候，负责人最在乎、最重视的是什么？

2. 负责人的愿景是什么？即她希望团队可以成为怎样的团队？

3. 负责人对团队业绩的期待是什么？因为不论是在政府机构还是在企业中，工作目标都是很实际、很重要的。

4. 负责人希望带给团队什么？尤其是在疫情期间。

5. 负责人为团队做了哪些努力，做了哪些贡献？在后现代组织心理学里，肯定组织的负责人和领导特别重要。逐层地进行肯定：肯定组织负责人，肯定组织中的员工，看到整个组织难能可贵的地方。

6. 负责人做出这样的努力和贡献，希望为团队带来什么？

咨询师永远无法取代企业里的负责人，我们不能和团队结盟，却违背负责人的意愿。咨询师一定要带着好奇心，去陪伴负责人和团队，打开更多的反思对话空间。我觉得这个团队目前看起来是被负责人照顾的，团队成员的关系可能还不错，所以我们先不用考虑这个议题。

在和一些企业和政府机构的工作中，如果出现了负责人和团队成员关系不佳的情况，我们可以联结负责人和团队，而不是选边站队，不论偏向哪一方都是不适宜的。

7. 负责人对咨询师做团体心理疏导活动的期待是什么？
8. 如何准备，才能让成员更好地参与此次团体心理疏导活动？

例如，咨询师可以请负责人问团队成员，在工作岗位上，成员各自最重要的贡献是什么？成员各自的贡献对整个团队业务的发展，最大的帮助是什么？在疫情期间，成员各自面对生活和工作，最不容易的地方是什么？这些准备工作都是为了让团队成员能更自在、舒服地参与团体对话。

疫情后团体心理疏导活动的操作过程

对于疫情后的团体心理疏导活动，我认为咨询师可以根据时间安排来设计。可以和负责人商量，她是否参与团体活动？可能每个团队的考虑都不一样，多商量，看看怎样的做法更好。关于团体心理疏导活动的操作层面，我分享下面的这些内容。

开场暖身

1. 请负责人简单开场，介绍这个团体，介绍咨询师。
2. 咨询师简单介绍一下自己和此次团体活动的大致方向。

如果时间允许，可以听听大家的期待；如果时间紧张，可以事先收集大家的期待。

3. 在团体里设计一个暖身的小活动，例如：

- 向彼此打招呼
- 分享一个让你印象深刻的小故事

每次对一个人分享，可以设置两轮机会。一轮用时 3~5 分钟，两轮用时 6~10 分钟，但在这个活动上不用花太多时间。除此之外，也可以设计别的活动。

一次性团体心理疏导活动

一次性团体心理疏导活动可以分为两个部分：一是工作，二是生活。

工作。 在工作方面，可以考虑如何通过团体对话看见自己，看见团队。问话的思路如下。

- 疫情终于过去了，回顾疫情那段时间，大家都特别辛苦，想请大家说说在疫情期间工作的自己，最不容易的地方是什么？

在后现代的组织工作里，不会去挑组织的毛病，而是试着看看组织中珍贵的东西。

- 哪些力量在背后支撑着你在艰难的疫情期间工作？
- 疫情期间这个团队共同面对了许多事情，也共同完成了许多事情，你觉得这个团队最不简单的地方是什么？

问话的思路是先看个人，再看整个团队。在企业中的工作，一定要同时看见个人和团队。因为一般来说，企业都希望带动整个团队的向心力、整个团队的力量、整个团队的联结，所以，只看个人是不够的。我们可以通过对话，邀请大家思考如下问题。

- 在疫情期间，让大家看到这个团队有哪些难能可贵的地方？
- 团队的这些可贵之处，可以如何支持这个团队向前迈进？
- 大家可以怎么感谢在疫情期间工作的自己？
- 大家可以怎么感谢在疫情期间工作的团队？

当团队成员在一起的时候，以上每一句问话，都是希望大家能够看见平常没有机会看见的可贵之处，看见每个团队成员，也看见整个团队。每个人都有机会看到彼此、听到彼此。通过这种对话，让团队的力量发生不一样的变化。

当然，因为这个活动只有一次，咨询师可能需要考虑怎样在有限的时间里做这些事情。有时可以让大家写下来，每个人都写，然后读出来；有时，可以分小组，两人或三人一组，先在小组内聊一聊，然后在团体中分享。谈话的方向是希望看到大家的难能可贵之处。

疫情期间发生了太多事情。不管是个人还是团队，都要陪伴她们看到那些她们付出的东西。团队在疫情期间可能步履匆忙，有时候没有机会看见自己，没有机会看见彼此，力量就会被削弱。所以，这种对话特别重要，也特别有意义。

在后现代组织工作中，怎样通过对话，激发出更多的力量、更多的想法、更多的创意，是可以好好琢磨的。

生活。这个负责人很关心她的10位团队成员，也很关注她们的家庭生活，所以在这个团体疏导活动里，关于生活部分的思路如下。

- 大家在疫情期间不只要面对工作，还要面对家庭、面对关系，如果你愿意分享，可以分享一些生活的心得。如果你觉得暂时不想在这个团队中分享私人生活也没有关系，听听大家的分享也挺好的。
- 组织中的团体工作，尤其牵涉私生活的部分，可能需要我们打开一个选择的空间。让想分享的人分享，不想分享、觉得要保留一些隐私的人不用分享，她们听到其他的人分享也会有所收获。因为这样的团体和一般的心理团体有不一样的地方，这些人是一起工作的同事，都有自己的专业角色。
- 在专业角色下，如何做可以保护自己的私生活。有些人不担心，认为分享私人生活没关系，但有些人不太愿意分享。所以我认为，要让所有的人都感到可以自在地表达。
- 愿意分享的人可以选择要说什么，要怎么说；不想分享的人也是重要的，听其他人的分享也是有价值的。这种做法会让所有人都很放松，不会觉得没有分享就代表自己不合作、自己不够好，或者愿意分享的人比较厉害、比较积极。

在后现代的这种组织的团队对话工作中，不能进行比较——谁比较好、谁不好，要强调大家都很宝贵、很重要。所以我认为在开场时特别需要思考怎样打开一个自在的对话空间？分享或不分享，都是被允许、被尊重的。

接下来你可以对团队说：

- 因为疫情的关系，许多家庭必须长时间待在一起，这是我们以前没有经历过的事情。其中有两种关系是许多人最常经历的：一是夫妻关系，二是亲子关系。这两种关系都特别不容易。

关于生活中的夫妻关系，你可以使用如下说法。

- 如果你觉得可以分享，那么在疫情期间，关于夫妻关系你感受到最具挑战性的地方是什么？最有收获的地方是什么？（问话的时候，要注意语言，"如果你觉得可以分享"这句话给了大家选择的空间，选择分享或不分享都是可以的。）
- 关于这些生活里的事情，你觉得哪些是可以和哪些同事分享的？（如果分组进行分享，可以选择比较熟悉的同事。在分组的情况下，如果有同事落单，就要再看看怎么进行更好？如果负责人也参与，她也会考虑、关注落单的人。其实团体活动有很多环节，可能会有很多变化。重要的是在那个当下，怎么做会让每个人都比较自在。）

可以谈论或分享如下话题。

- 关于疫情期间的生活，你对夫妻关系有怎样的思考和收获？（去看她们重要的反思、重要的收获。）
- 如果可以对疫情期间经历夫妻关系的自己表达一些关怀和感谢，现在的你会如何对当时经历着疫情期间的夫妻关系的自己表达？（因为这是疫情后的团体工作，所以现在的自己可以对当时疫情期间的自己表达一些感谢。）
- 那个疫情期间的自己听见现在的自己的表达，会想对现在的自己说些什么？

打开对话空间，慢慢地做。这些对话可以让每一个人都以舒服的方式参与。这些问话都要向着团队里重要的东西，不容易的地方，或有所收获的地方。问话的整体思路是希望让每个人看到她原来可能没有看到的地方。

当团队是安全的、受尊重的，能够在其中分享一些质朴的事情时，会促进团队成员之间的关系。另外，现代人工作的时间远远比和家人在一起的时间长。如果在工作中，成员能够对彼此生活提供理解和支持，也是特别宝贵、特别重要的。

可能有些人会担心，牵涉生活是否会干扰工作。什么是有人情味的组织、有人情味的团队？在我的经验里，领导、负责人能够支持员工，所有的员工可以互相关怀，这样的团队会带给团队成员安全感、安心感。

后现代的组织心理学重视工作的效率、工作的目标，但是有很多与古典的组织心理学不一样的思路。所以我认为，后现代的组织心理学是更有人情味的，更能关怀人，而且在这种思路中，似乎人们的工作也特别不一样。我也感觉到，如果后现代组织心理学的团体活动可以得到领导的支持，然后逐步地开展，这会让成员对于工作产生一种安定的感觉，而且成员会更愿意努力。成员会觉得："哇，我的领导、我的组织，是这么关心我、关心我们，那我们也要尽力而为。"这就会让组织产生很不一样的氛围。

我也在一些企业或组织中担任顾问的工作，这么多年来，我把后现代的这些思路整合进顾问工作中，我觉得这特别好、特别有意义。就像我之前说的，现代人的工作基本是"卖命"的工作。工作量特别大，工作之外的时间很少。在这种情况下，我觉得后现代的组织要能够看到员工的付出，对他们予以关注，这会创造很好的企业组织文化。

之前因为疫情，大家可能无法工作，现在复工之后工作量很大。在这个时候，我觉得领导可以有不一样的视角，不一样的关注。咨询师可以陪伴这些企业、这些组织，在不同的关系中激发出工作的力量。

生活中的亲子关系

家庭里的另外一种关系是亲子关系。由于疫情期间很多孩子待在家里上网课,这对孩子来说,是一个很大的变化。妈妈如果在家里上班,她一方面要上班,一方面还要监督孩子的学业。上班已经很辛苦了,她可能还要等孩子上床睡觉之后熬夜加班,把工作做完,这特别具有挑战性。

因为这个负责人提到,希望可以关注她的团队成员的家庭生活,所以这些问话是贴近负责人的脉络去设计的。她会关注团队成员的家庭生活,说明她是个很用心的主管。现在我们有机会与这些女性团队成员谈话,可以去看看她们的不简单。因为这是个疫情后团体,所以这些问话的方向是回顾疫情中的自己。如果这个团队的负责人的需求不一样,那么设计的问话就不一样。

- 疫情期间的自己是怎么承担母亲的角色的?你觉得疫情期间的自己是怎么熬过来的?
- 在疫情期间承担母亲的角色,你认为最不简单的地方是什么?

在团体活动中,有时借用一些材料效果更佳。可以请负责人准备一些花,如果咨询师觉得需要自己准备,那也是可以的。如果现场每个人手中都有一朵花,这朵花代表疫情期间努力做妈妈的自己,可以请大家看着手上的这朵花,进行如下对话。

- 你的内心可以怎样表达对她的感谢?你的内心可以如何拥抱她?摸摸她的头,牵牵她的手,她太不简单了。

负责人是女性,也要给她准备一朵花,负责人也需要被感谢。通过这种方式,不仅可以让团队成员看到妈妈就像花一样,也可以从内心里去感谢像花一样的妈妈。

最后,请大家分享在这个练习中有什么心得和感触?在疫情期间大家经历着变化,也思考着工作,思考着如何面对夫妻关系,如何陪伴、监督孩子的学习,这都是很不容易的挑战。一方面看见团队成员在工作中的付出、努力、不容易；另一方面也看见她们在生活中的角色，作为女性、妻子、母亲的不容易，这都是很宝贵的。我觉得团体工作的方式特别好，有了这些分享，往往会让团队的联结更加紧密，为团队聚集力量。

团体活动的结束

接下来可以与团体成员做一些总结。

结束的问话

- 在这样的团队的共同对话中，对自己、团队有没有哪些不同的认识或理解？（时间如果不够可以写在纸上，或以小组的形式分享。）
- 在未来的工作中，这些不同的认识或理解对你有什么样的支持？（通过咨询师的陪伴，看见工作中的自己，也看见自己生活中的角色等。这些都是平时可能没有机会看到的，可以支持她们未来的工作。）
- 今天大家在团队中分享生活的部分，对于你在疫情期间作为妈妈、作为妻子，带来的触动是什么？

团体作业

如果大家愿意，就给大家布置一个家庭小作业。可以和团队成员说：回家之后，找个机会，可以利用周末或某天晚上，和你的伴侣、孩子或家人回顾疫情期间的你们。疫情是一个关系的大挑战，但也是一个充满生机、成长的机会。如果有机会通过聊天发现这个家庭许多不简单、难能可贵的地方，那么疫情中家庭的宝藏也许会被发现。这份作业的目的是丰富家庭在疫情期间各种各样的东西，它也是一份关于在疫情期间家庭的反思与对话的作业。大家在这个练习中，去聆听彼此，不要责怪彼此，允许故事的流动。

如果时间不够，咨询师也可以准备纸质版本的作业，用这样的作业去增强家庭在疫情期间产生的力量。总之，以什么方式呈现这个作业并不重要，重要的是和大家说：疫情过去了，大家都很不容易，请每个人说说自己在不同角色中的不容易之处。

可以请团队成员回家之后组织完成这份家庭作业。这份家庭作业包含两个部分。

第一，请家人说说自己在不同角色中的不容易之处。

可以举一些例子，帮助这些女性员工与家人展开讨论。

- 作为爸爸的角色，说说在疫情中爸爸的不容易。
- 作为老公的角色，说说在疫情中老公的不容易。
- 作为孩子的角色，说说疫情中在家上网课的不容易。
- 作为妈妈的角色，说说作为妈妈的自己在疫情期间做妈妈的不容易。
- 作为妻子的角色，说说作为妻子的自己在疫情期间做妻子的不容易。
- 最后，每个人都可以说说全家人共度疫情的不容易。

第二，邀请这些女性员工和家人说：疫情过去了，大家都很辛苦，请我们全家人感谢彼此，不再理所当然地看待彼此。

- 宝贝的妈妈，也是爸爸的妻子。作为妻子，可以怎样感谢丈夫？
- 宝贝的爸爸，也是妈妈的丈夫。作为丈夫，可以如何感谢妻子？
- 妈妈可以如何感谢疫情中的宝贝？爸爸可以如何感谢疫情中的宝贝？
- 宝贝可以如何感谢爸爸？宝贝可以如何感谢妈妈？
- 宝贝可以如何感谢爸爸和妈妈？
- 我们全家人可以如何感谢共度疫情的这个家？

以上家庭小作业，可以梳理疫情中家庭的经验。通过这种梳理，更能够让家里的每个人尊重彼此，也更能看见整个家在疫情期间的努力和力量。

团体活动后的回访

在团体心理疏导活动之后，可以进行一些追踪回访。活动结束之后一两个星期左右，可以主动联系团队负责人，了解负责人对活动的反馈，还有团队成员的反馈。也可以事先和负责人商量，咨询师可以怎样了解活动的反馈。但是，回访要以不增加负责人的工作量为基础，大家都比较忙，可以提前商量好怎么进行反馈。如果负责人看到了成效，咨询师可以和负责人商量未来继续陪伴的可能性，负责人也可以问问团队成员的想法，当然也要根据负责人的经费来考虑。

从心理学的角度来看，当人们经历了原本生活中不会经历的事情的时候，专业陪伴会为人们带来很多安抚。

从后现代的角度来看，打开对话空间，邀请事件的亲历者聆听彼此、理解彼此，看见彼此的珍贵，打破隔离、孤单感，创建社群联结，创造一个流动、有希望的对话空间，可以更好地安顿人心、唤醒力量、创建联结。

针对疫情的影响，可以设计多样的团队对话来支持企业或政府机构的团队。但是也不要让团队成员太过疲惫，参加过量的团体疏导活动，这样反而会影响团队的工作。因为工作是他们的主要任务，所以在设计这些活动的时候，要了解负责人和团队的需要，适度安排即可，而不是由外面的专家来决定团队需要多少团体心理疏导活动。

在过去，针对遭遇不同自然灾害的人群，我们可能有不同的带领团队活动的经验。但是如果由专家决定人们需要怎样的服务，而没有询问受影响的人的意见，会给人们带来一定困扰。我们需要思考，决定需要多少团体心理疏导活动的权力，到底在谁的手上？后现代理念不只要求我们思考可以做什么，还要求我们思考要怎么做。

后现代对话对疫情中的组织、企业、政府机构有很大的帮助，不同的对话会创造不同的力量和关系。但是，还是要聆听接受服务的人的想法和声音。回到领导、负责人、团队中去看，什么样的频率、如何进行才是更适合他们的。

对组织对话工作的心得和想法

首先，要探寻、理解企业或组织重视的文化是什么？企业或组织的对话工作一定要建立在理解企业或组织－生态系统的脉络的基础上。企业或组织中的对话工作对象，不只包括团队成员，还包括负责人、领导的期待，以及整体企业或组织重视的文化和目标，这些都是环环相扣的。有些企业或组织中的团队对话工作忽略了领导的期待，没有看到整体企业或组织重视的文化和目标，可能就无法做得长久。所以企业心理团体需要通过团体工作，服务企业的目标，这一点和一般的心理团体是不同的。

一般的心理团体主要服务、陪伴团体成员面对一些议题，没有其他需要特别注意的层面。当然，如果这些心理团体是学校或一些非企业单位的项目，和这些非企业单位交流也是重要的。所以，企业心理团体工作需要有更大的系统观。

后现代企业或组织工作特别重视尊重、聆听多方面的声音和想法。在开展心理团体工作之前，要听听负责人的想法和期待，以及负责人对组织文化理念的看法。把后现代心理学、后现代对话带入组织，是一个非常有意思的过程，它和个体心理咨询还是有一些不同的。

咨询师所在的咨询中心里有 EAP 项目，因为疫情的关系，可能很多组织、企业都希望可以提升员工的工作业绩，虽然 EAP 需要成本，但是它可能会带动团队的力量。所以，怎样通过后现代组织心理学及对话推动企业的发展，是可以去思考的。

另外，关于平时用什么方式来支持部门成员，这位女性负责人也有很多想法。当咨询师不在现场的时候，负责人可以怎样通过她的职位，来打开不同的对话空间。比如，负责人可以征求大家的意见：在疫情期间，我们这个团队可以做些什么来更好地支持彼此？她在开会的时候可以征集大家的意见，当然也需要从现实层面看看可以做什么。

疫情期间发生了很多事情，这些体会、经验可以去哪里说？去哪里表达？在团队成员平时的工作中，可以怎样创造空间让大家彼此关怀？也许可以建一个疫情关怀群，团队中的 10 个成员和负责人都在这个群里。每天下班之后，大家在群里可以说一说，今天生活的不容易、工作的不容易。因为疫情，大家的地理距离都增加了，但是心灵的距离依旧可以靠近。在一起工作的同事，有时特别有缘分，可以一起聊天、一起参加彼此的婚礼、一起看彼此的孩子长大、一起亲历生命里的一些事情。

在现代人看来，同事也许能成为好朋友，或者彼此之间互相理解、互相关心。如果负责人觉得可行，可以通过咨询师的支持去创设这样的关系，比如下班之后大家在群里进行分享。咨询师可以告诉负责人，对于大家分享的内容，不要去比较谁做得好、谁做得不好，或告诉对方该怎么做，这个空间是一个聆听、支持、关心、鼓励的空间。

如果有这么一个空间可以支持这个团队，团队成员互相扶持，利用下班时间分享，是很好的。大家在群里可以分享生活、工作的不容易之处，也可以分享其他事情，比如每个人下班之后，最感谢自己的地方是什么？或者在今天遇到的困难中，最大的收获是什么？在群里可以进行各种各样带来联结和温暖的对话。

咨询师可以陪负责人创设这样的习惯，它很简单，很平易近人，但是它的力量非常大。说不定这种温暖就可以让这个女性团队获得更大的能量，支持她们往前走。

关于企业 EAP

咨询师提到，有一家制造业企业与她所在的咨询中心有 2 年多的合作，希望看看怎么支持这个企业，这种想法特别好。

看到这个案例的时候，我首先想到的主线是：疫情变化中的力量对话空间。即我们可以如何在 EAP 中打开这种疫情变化中的力量对话空间？

企业面临着疫情带来的影响，需要在复工期间快速发展，这是可以理解的，员工压力倍增也是必然的。在压力下工作，员工间的人际关系很难不受影响，大家可能都需要戴着口罩工作，这也会影响人际关系。我们需要看看，如何在这么多的挑战中往前走？另外，领导可能也有很大的复工压力，领导要怎样在压力中维系和员工的关系？这些都不是简单的事情，需要好好思考。

企业 EAP 的工作思路

如何在压力中创设部门的心理疏导活动？如何在疫情的变化中，寻找企业的力量？我和大家分享以下十二个思路，希望对咨询师和在参与 EAP 工作的咨询师有所帮助。

1. 疫情带给企业许多影响，复工之后，需要员工怎么努力来提高生产力？

2. 复工后的工作与复工前最大的不同是什么？

因为在疫情期间，许多工作都无法进行，复工后就需要抓紧速度、快马加鞭。让团队成员将复工后的工作和疫情停工的工作进行对比，这有助于团队成员厘清变化中的思路。

3. 复工后，你和你的部门是如何在压力中调整工作的方式和思路的，试着探索部门在压力下的解决办法和创意。

在做这个方面的顾问工作或团体工作时可以放慢一点，让大家有机会看一看压力下的努力，倾听彼此，表达好奇，让压力下的努力被欣赏、被看见。

这个活动或许可以分小组进行，让小组成员分享复工后在压力下的努力和方法，最后邀请每一组的代表分享。压力是不可避免的，大家都想知道在压力下怎么工作。如果我们可以放慢脚步看看，压力下的其他人是怎么工作的，让团队成员有机会聊一聊，看看自己、看看彼此，这能让大家看见压力下的力量、压力下的创意。

从后现代组织心理学的角度来看，一个团队处于压力之中，并不代表他们不行。我们要看到，在压力下，人们的创意是什么？是怎么前进的？

当然，后现代组织心理学有很多对话的方式，在不同的现场，针对不同的情况，可能会有不同的方式，但是有共通的意图。要思考，如何看到在疫情期间面对压力的团队，她们背后的力量、背后的努力、背后的挣扎到底是什么？

4. 面对工作压力不是件容易的事。复工之后，你在工作的压力下前进，你的部门也在工作的压力下前进，你看见了自己的哪些以前没有看到的能力?你看见了部门团队的哪些以前没有看到的能力?

让每个人都说一说,在分组的情况下就让小组代表说一说。通过这种不一样的对话,每个人都可以在压力下提炼出一些生命的精华。

5. 复工后的自己在压力下工作,最不容易的地方是什么?复工后的部门、团队在压力下工作,最不简单的地方又是什么?

6. 大家如何在压力下支持彼此、关心彼此?团队里总是存在温暖的,可以通过这种问话带出温暖。

7. 人们都说,团队中的温暖会带给团队力量与支持,你希望如何在具有压力的工作中,创造部门团队的温暖?

大家可以给出自己的建议,共同创造温暖。压力是没有办法避免的,但是在压力下,仍然可以创造在一起的机会。我陪伴过一些企业团队,见证过在这种不一样的后现代对话中,团队的力量不断地涌现。

8. 当压力来临时,难免会带来一些情绪。当情绪出现的时候,我们希望怎样关照情绪?我们希望伙伴可以怎样关照我们的情绪?

部门可以安排一个空间——"照顾情绪角落"。大家可以集思广益,在这个空间里放一些让人放松的物品、食物或音乐。在这个过程中,对情绪去病理化,在这个非常时期,关照彼此的情绪。

当然,也许有一些部门不一定习惯这种方式,他们可能会打球或做其他事,咨询师要贴近部门的脉络,创造适合他们的方式。在高压的情况下,在疫情期间,可能不同的部门需要创造不同的方式,来关照所有的团队成员。

9. 大家希望领导可以如何支持大家在压力下工作?

10. 疫情期间大家在一起努力,都很辛苦。对于这种努力的精神,大家最被自己和彼此感动的地方是什么?

11. 未来退休的你,看到现在的你的这段经历(疫情和复工),未来退休的你会如何感谢现在的你以及你的团队?

12. 如果你有孩子,你的孩子会从复工后努力工作的爸爸、妈妈身上学到什么?这种学习会给孩子未来的成长带来什么?

很多人之所以选择去工作，是希望让家人过得更好，让孩子成长得更好。如果可以，在团体活动结束的时候可以试着这么问问。

和组织工作，就像咨询师说的那样，像和一个有机体工作。其中有千万种变化，咨询师要贴近组织、部门、成员的脉络，把后现代的这些不一样的、解构的、去病理化的、看到希望的对话，融入组织工作中。

我认为，后现代的对话特别适合在危机中看到很多东西。希望你在学了后现代理论后，如果有机会做 EAP 工作，可以把这些东西带入组织中。

口罩的对话空间

针对这个案例，我想到了一个特别的方面——口罩的对话空间。团队如何在戴口罩的情况下创造团队关系？

- 因为疫情，大家需要在工作中戴口罩。戴口罩上班的感受是什么？
- 戴口罩上班，给团队关系带来的影响是什么？
- 戴口罩上班，最不容易的地方是什么？
- 口罩是一种保护，也是一种隔离，我们可以如何在戴口罩上班的过程中，仍然体会到团队的关心以及温暖和谐的关系？

口罩的对话空间，可以让很多不可说的东西浮现出来。当然，还需要对类似这样的对话进行评估，看看怎么进行更好。

传统文化的对话

咨询师提到传统文化中的"修身，齐家，治国，平天下"，这个思路特别好！可能有时我们觉得要"治国、平天下"，但"修身、齐家"是根本。我们都要看到，当我们能够关注根本的"修身、齐家"的时候，才能更好地帮助我们的国家，帮助天下。

如果关注"治国、平天下",但是忽略了"修身、齐家",这样也不够完善。所以可以和大家讨论,也许有一些在组织中工作的人过去认为,只要把组织里的工作做好就可以,家里的事可以完全交给妻子,不用花太多心思。但是因为疫情,他们发现家里似乎也有很多事情,他们及时进行了反思,发现家庭很重要,自己的状态也很重要。所以可以找一些机会,和大家谈谈传统文化的这些内容。但是也不必苛求,因为在团体工作中可以谈的东西很多,最重要的是组织中的人最想谈什么。

结语

疫情的发生,对企业、政府部门造成了巨大的影响。现在逐步复工,也意味着大家需要面对更大的压力,提升生产力和业绩,这个时候大家都特别辛苦、特别不容易。后现代心理学可以对企业做许多事情,通过开放的对话,发现组织中的韧性和希望,并且从关系中开发更多的资源。

特别感谢这个政府机关的主要负责人邀请咨询师,为她的团队做团体心理疏导活动,她是一个有远见的负责人。祝福她的团队,希望在咨询师的支持下,这个团队有更多的力量。

也特别感谢咨询师呈报的案例,让我们有机会思考后现代心理学可以如何在疫情期间支持企业。祝福这个咨询师,希望后现代思维下的 EAP 可以更好地支持面对疫情的企业。

咨询师的回应

感谢熙珺老师丰富和完整的讲解。我在呈报案例的时候,思路中只有一个框架,感觉特别单薄,现在这个想法开始慢慢变得立体和完善了。

令我感触比较深的,主要有以下三个方面。

第一，熙珏老师谈到咨询师在对企业和政府组织进行团队辅导时候，更重要的是对角色的定位，这一点对我的启发很大。

如何和企业谈？以什么样的方式谈？咨询师在这个过程中，将会起到什么样的作用？我的脑子里形成了很生动的画面。咨询师就像一种香料，团队中的每个人都是非常好的食材，咨询师加入这个团队，可以更好地进行调和，让各种食材流动起来，最终成为一种美味的食物。咨询师只是一种香料，是最先要退出餐桌的，其定位是激发、调和食材之间不同的质感。

第二，咨询师靠近企业的时候，如何理解这个企业或机构的文化。

在疫情期间，从我们收集的一些信息中能发现，在压力下，大家往往更愿意使用一种"狼性"的企业文化。在这种"狼性"、有竞争力的企业文化中，每个人的神经可能都非常紧绷。还有一种企业文化是"羊性"文化，就像以往有些企业大包大揽，没有效率，也没有组织性。

在这两种不同的文化中，我好像看到了第三种："人性"企业文化，它的不同点在于：它不仅仅有狼性的效率，也有羊性的温暖，有一种灵活性、温度性、完整性。用熙珏老师说的两个词来表达就是：有韧性、有希望。

第三，在熙珏老师细致的解说里，我慢慢认识到，在和企业接触的过程中，要让每一位员工在他们的职业角色下，不断地丰富自己的社会角色。这个角色不仅可以是某一个企业的员工，也可以是妈妈、妻子、丈夫等。

我觉得咨询师是在帮助人们做各个角色之间的联结，只要有联结，就会引发一些感受，就会有一些生命的创造性流动起来，这个对话对我来说帮助非常大。

再次感谢熙珏老师，为这个案例做了这么丰富的解读，让我看到，这不仅仅是一次活动，更是一次与企业的联结。从活动前、活动中和活动后，到最终的效果，它是一个有机的系统，启发了我的整体思路。

熙玥老师再回应

通过这个案例，我们可以针对企业和政府机关的团体工作进行一些讨论，这特别有意义。

首先，我觉得，把后现代心理学带入企业里，就像咨询师说的，它是灵动的、充满人性的，有很多的可能性和空间。如果大家对这方面感兴趣，可以朝这个方向努力，去做一些事情。

其次，我觉得组织的工作特别有趣。因为在企业中的工作，基本上是一个创造的过程。所以如何将创意对话运用到企业、政府机构中，也是值得我们思考和努力的地方。

许多企业、政府组织在面对极大压力的情况下复工了，大家都特别辛苦。我们在学习了后现代的对话、创意的对话之后，如果可以用这些对话支持更多的企业，会是一件特别有意义的事情。

理 论 梳 理

第一，**疫情危机的处理**。疫情对企业产生了巨大的影响，我们可以怎么面对、处理？

第二，**员工关怀**。在这种情况下，怎么关怀员工、关怀整个团队？

第三，**后现代组织心理学对疫情的支持**。后现代组织心理学如何通过后现代的方式，支持面对疫情挑战的组织？其中有非常多的工作可以做。

第四，**疫情中的家庭韧性**。团队里的每一个人可能都拥有家庭，当他们的韧性被看到的时候，会带来生活和工作的力量。

练　习

疫情期间的工作

1. 你如何在疫情期间工作？
2. 在疫情期间工作的你，最不简单的地方是什么？
3. 如果你带领工作团队，你觉得你的团队在疫情期间工作，最难能可贵的地方是什么？
4. 在疫情期间，我们一般都戴着口罩出门，你觉得你和口罩的关系是什么？你想告诉口罩什么？如果口罩可以说话，它会告诉你什么？
5. 复工后的你，现在和工作的关系是什么？
6. 复工后，如果你带领团队，你希望如何和团队一起工作？

如果你目前没有工作，可以访问一些在疫情期间工作的家人或好友。

结语

这个练习让你对疫情期间的工作产生了什么感想？

案例九督导思维导图

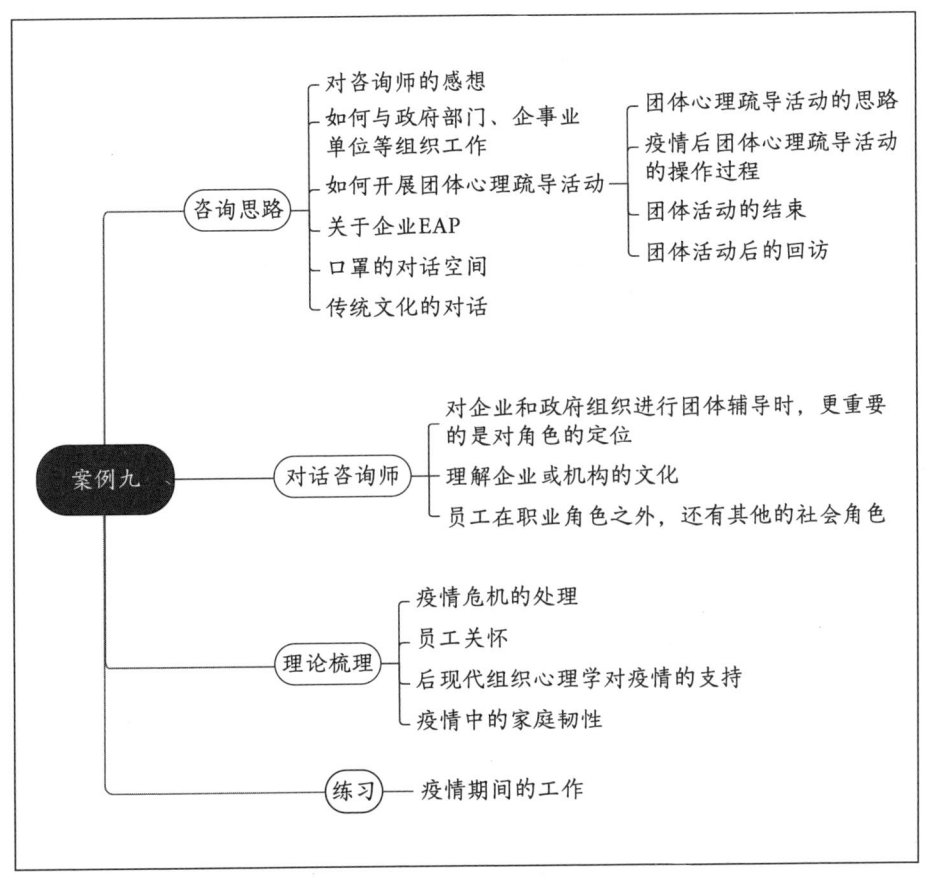

思维导图绘制：李正南

后 记

根据我历年来与中外家庭及不同系统工作的经验,我确实看到许多关系的艰辛和不易,不同系统也有其复杂的层面。

但我长期在后现代思维的浸泡中,不断见证"家(系统)不能被放弃"。我们要在在地性陪伴中,逐步发现每个家庭、每个系统的小小的希望、小小的可能性,再协助其增加、扩大与巩固。

现在与后现代心理学相关的出版物很丰富,有兴趣的读者自然可以进一步探索。但介绍后现代心理学的理论并非本书的目的,在这本书里,我更想分享的是,我是如何带着后现代思维来支持咨询师,发现和看见其服务的家庭与系统中,许多尚未被见着的宝藏及不同发展的可能性的。

对我而言,有几个后现代的哲学观对我陪伴家庭及系统的影响特别深远,包括"去问题化""去标签化""去病理化""去分类化"等。我在督导中,总希望自己能尽力贴近家庭及系统面对困难所演化出来的重要文化和价值。每个家庭与系统都像我们不熟悉的外星球,我们是否只看见了想看见的部分,还是能更开放、宽广地看见家庭与系统中不为人知的部分,这也是我需要终身学习的东西。

另外，让我很触动的是后现代思路中的对话流淌，它深厚的哲学观，总能引出每一段对话中贴近人心的关系。

我想，作为一名女性，作为一位督导，作为一名老师，作为一名对于对话热情满满的我，似乎在后现代的空间中，我可以更好地呈现、发挥、支持来到我面前的人和关系。

最后，我想说的是，一定要坚持，要相信家庭和系统的希望与韧性。我们需要有永不放弃的精神，持续不断地贴近家庭和系统，带来希望与实践的力量。